KB079834

영화, 차를 말하다 2

영화보다 재미있는 茶이야기

영화, 차를 말하다 2

서은미
김용재
김세리
김경미
윤혜진
하도겸
노근숙
이현정
문기영
이성문
김현수

지유문고

『히말라야 문화 연구』Ⅱ

*이 책은 나마스떼코리아 부설 히말라야연구소가 2022년 5월부터 6차에 걸쳐 진행한 발표회의 연구 성과를 묶은 학술연구논문집으로 2022년에 간행된 『히말라야 문화 연구』Ⅰ에 이어 두 번째로 단행본 형식으로 간행한 것이다.

*독자들은 나마스떼코리아 유튜브채널(youtube.com/c/namastekr48)에서 책의 내용과 조금은 다른 저자들의 강의를 직접 만날 수 있다. 동영상은 제이아이디어 프로덕션 대표 이지환 작가가 촬영·편집하였다.

영화를 통해 차茶를 말하는 마음

어느 날인가 무심코 스마트 폰을 보다가 마음으로 들어오는 글귀가 눈에 띄었다. 바로 메모장에 옮기면서 '이런 사람이 많으면 참 좋은 세상이 되겠네!'라고 생각했다.

〈인생길〉
잘난 사람보다
따뜻한 사람이 좋고
멋진 사람보다
편한 사람이 좋고
가진 것 많은 사람보다
나눌 줄 아는 사람이 좋습니다.
_ 예쁜 그림에서

쉬운 일은 아니지만, 나도 이런 사람이 되고 싶다. 우리는 세상을 살아가면서 의도적이건, 아니면 의도한 바가 없든지 간에 가족이나 친구에게 또는 타인에게 상처를 주기도 하고 받기도 한다. 또 때로는 분별없는 뾰족한 마음을 만나 깊게 베어진 마음을 다독거리고, 마구 구겨진 마음을 애써 외면하려고 노력하기도 한다. 그리고 이러한 마음을 달래보느라고 차 한잔을 우리며 치유의 시간을 갖는다. 나도 그 누구에겐가 상처를 준 적이 있을 테니… 잠시 네 마음도 내 마음도 헤아려 본다. 그래서 우리의 일상을 옆으로 밀어 놓고, 차 한잔을 친구 삼아 나 자신을 바라보는 '차멍'(차 힐링)을 추천하고 싶다.

각박한 세상살이이지만 차茶는 우리에게 따뜻한 사람이 되고, 상대방의 마음을 헤아려 주는 배려심이 있는 편한 사람도 되라고, 그리고 콩 한 쪽도 나눌 줄 아는 사람이 되어보라고 하고 있지 않을까? 그래! 차는 내 욕심에서 튀어나온 파편 조각, 사회나 인간관계에서 떨어진 파편 조각으로 헤어진 마음 틈을 메꾸어주는 보이지 않는 도반이 아닐까 한다.

우리의 아름다운 도반인 차茶에는 상대방을 인정하는 마음, 즉 수직관계가 아닌 수평관계와 서로의 마음을 바라보는 상호적 관계라는 문화적 요소가 들어 있다. 그리고 이러한 마음을 담고 있는 것이 일본 다도(차노유)정신으로, 중국에서 태어난 화경청적和敬淸寂과 리큐의 칠칙七則이다. 칠칙은 차를 잘 끓이기 위한 일곱 가지 규칙이며, 화경청적은 사규四規라고 하여 지켜야 할 네 가지 규율을 말한다. 이것은 다도의 마음자리에서 가장 중요한 것으로 다인이 지녀야 할 덕목이자 모든 사람의 덕목이기도 하다.

화합하는 마음을 기반으로 상대방을 존중하면 인간관계는 아름다워지고, 상대방을 존중하지 않는 인간관계는 추해져 버린다. 상대방을 존중하는 경敬의 인간관계에서 필요한 것은 신뢰이다. 상대방이 나를 믿는다고 느껴질 때 소중한 마음이 생기고 굳건하고 지속적인 인간관계가 성립된다. 그리고 이것은 건강한 사회 형성으로 이어진다. 우리가 모두 편안하고 행복해지는 것이다. 차茶는 이렇게 우리를 따뜻하고 편안하게 만들어준다. 우리가 굳이 『영화, 차를 말하다』를 통해서 차 이야기를 하고자 하는 궁극의 목적이 여기에 있다.

차茶가 기호음료의 영역을 보다 넓게 품지 못하고 있는 현실이 안타까워서, 모두가 좋아하는 영화를 통해, 많은 사람이 차와 함께하기를 바라는 마음을 모아 여기에 『영화, 차를 말하다』 후속편을 쓰기로 했다.

차茶는 우리의 일상과 융화되어 '명상'이라는 묵직함에서 '차 힐링'이라는 가볍고 편안함으로 다가와, 너와 나는 우리가 된다. 이렇게 공유 영역을 확보하여 보다 친밀한 인간관계를 형성하는 계기를 마련해주는 고마운 존재가 바로 차이다.

차茶가 많은 사람들의 일상과 함께하기를 응원한다.

끝으로 이 책의 기획, 제작 및 유튜브 영상까지 애써주신 나마스떼 코리아 하도겸 대표님과 출판을 맡아주신 김시열 대표님께 감사의 말씀을 전한다.

2023년 3월 어느 날
찻잔 속의 도반을 그리며…
노근숙

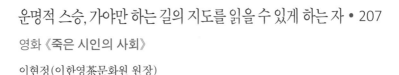

차, 문화의 형성과 변화

영화 《화양연화》

• 서은미 •

고려대와 서강대에서 수학하고 「북송 차 전매의 시행 기반과 차법의 변천」으로 문학박사학위를 받았다. 강사로 활동하며 차의 역사와 문화를 주제로 연구를 지속하고 있다. 「원대 차 문화의 특징」 외 다수의 연구논문과 『녹차탐미 – 한중일 녹차문화를 말하다』, 『북송 차 전매 연구』의 저서와 다수의 공저가 있으며, 번역서로 『녹차문화 홍차문화』가 있다. 차문화 발전에 전문연구자의 역할로 일조하고자 한다.

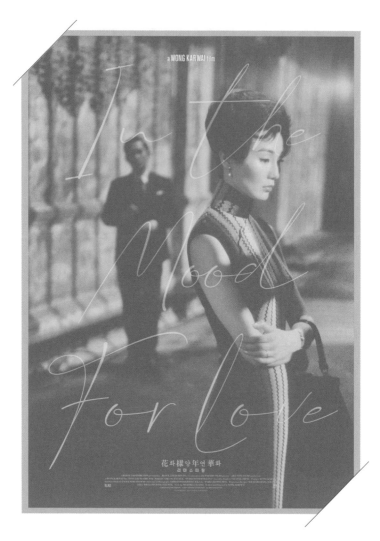

화양연화

감독 왕가위, 주연 장만옥, 양조위

프랑스, 홍콩, 2000

영화선택의 변

차를 이야기하자면서 영화《화양연화花樣年華》(In Mood for Love, 2000)를 선택한 것은 그에 대한 변명을 필요로 한다. 영화의 화면 속에서 차는 의미 있게, 또는 주목되게 잡히지 않기 때문이다. 동양의 다기류는 소품으로도 보이지 않는다. 집에서나 혹은 직장의 바쁜 업무 중에 홀짝거리는 유리컵에 담긴 차를 볼 수 있는 정도이다. 그럼에도 이 영화를 통해 차를 이야기하고 싶은 생각이 들었다. 그 이유는 이 영화의 분위기와 배경이 홍콩이라는 점에 있었고, '문화의 형성과 변화'에 대한 이야기를 풀어보고 싶었기 때문이다.

　모든 것이 그렇듯이 문화도 그 핵심 내용이 형성되는 시기를 거치고 그다음 단계로 넘어간다. 발전하며 지속되기도 하고 쇠락해 사라지기도 한다. 지속되는 것과 사라지는 것의 차이는 무엇일까.

영화《화양연화》中
첸부인의 사무실

아마도 시간의 흐름 속에서 시대적 공감력을 유지한 것과 그렇지 못한 것의 차이일 것이다. 중국의 차문화는 오래전에 형성되어 현재까지 이어지고 있다. 이것은 중국의 차문화가 여전히 현재에도 공감력을 유지하고 있다는 의미일 것이다. 그렇다면 그 공감력은 어떻게 유지되는 것일까? 이러한 이야기를 풀어가는 데 있어, 자세히 보면 많은 것들이 보이는 영화《화양연화》는* 좋은 마중물의 역할을 할 수 있다고 생각했다.

《화양연화》는 1960년대 홍콩을 배경으로 하고 있다. 지금은 중국에 반환되어 홍콩특별행정구로 편입되어 있지만, 홍콩은 156년간(1842~1997) 영국의 식민지였다.** 이러한 의미에서도 홍콩은 중국사에서뿐만 아니라 세계사적으로도 매우 다양한 요소들이 혼재되어 있는 지역이라고 할 수 있다. 이런 홍콩의 모습은 변화라는 역동적인 모습을 대변하는 문화의 이미지로 받아들여질 수 있다.

또한 이 영화가 가진 연출의 기법도 차 이야기를 풀어나가기 좋다고 생각한다. 이 영화의 이야기는 구체적인 대사를 통해서 전달되기보다는 화면에 나타나는 모든 것들, 즉 배우, 구도, 조명, 색채,

---

* 《화양연화》는 화면에 보이는 대로 남녀상열지사를 다룬 애정영화로만 봐도 충분히 매력적인 영화다. 《아비정전》을 사생아 이야기로,《해피투게더》를 동성애 영화로 봐도 흥미로운 것과도 같다. 그런데 홍콩을 주제로 만든 왕가위 감독의 영화들에서 그 상징성을 찾고자 하면 다양한 해석이 가능해진다. 특히 홍콩의 과거와 현재, 미래에 대한 생각과 정치적 해석까지도 가능하다. 조홍선, 「《화양연화》의 정치적 의미 소고」, 『중국문학연구』 83-0, 2021 참고.

** 류영하, 『홍콩산책』, 산지니, 2019, 10쪽.

14

소품, 카메라의 움직임까지 소위 '미장센(mise en scéne)'*을 통해 이야기한다. 여기에 음악까지 더해 영화는 모호하고 복잡하게 전달되면서 오히려 더 넓은 감정과 생각들을 전달해준다. 보는 이로 하여금 자의적이면서도 적극적인 해석을 하게 한다.

이러한 영화의 특징을 차문화에 적용시켜 보면 흥미로운 차 이야기를 전개시킬 수 있겠구나 하는 생각이 들었다. 글의 전개가 독자를 공감시키기에 부족하다고 해도 영화가 충분히 매력적이기 때문에 흥미를 이끌어낼 수 있다는 속마음이 있었음을 밝혀 둔다.

영화 《화양연화》

'화양연화花樣年華'는 직역하면 '꽃과 같은 시절', '꽃다운 나이'라는 의미로, 인생의 가장 아름답고 행복했던 시간을 뜻한다. 영화에서는 사랑하는 남녀가 함께했던 과거의 순간들이 그때였다. 시간이 지나서야 절실하게 느껴지는, 추억이 되어서 더욱 그렇게 여겨지는 때이기도 할 것이다.

영화는 2000년도 제작으로 감독은 홍콩의 왕가위王家衛이다. 국

---

* 미장센은 처음 연극무대에서 쓰이던 프랑스말로 '무대에 배치한다'라는 뜻을 가지고 있다. 한국말로 번역하면 장면구성이다. 영화에서는 화면에 보이는 모든 요소들, 즉 배우의 연기와 분장, 구도, 장치, 소품, 의상, 조명 등이 조화된 상태를 말하고, 영화적으로 미학을 추구하는 공간연출을 말한다(두산백과 https://terms.naver.com/entry.naver?docId=1096547&cid=40942&categoryId=33091). 권승태, 「미장센과 몽타주를 통합하는 디지털 편집」(『미술문화연구』 20, 2021) 참고.

내 X세대*에게 인기가 높았던 홍콩의 대표감독으로, 작품으로는 혈열남아(1989), 아비정전(1990), 동사서독(1994), 중경삼림(1994), 타락천사(1995), 해피투게더(1997), 2046(2004) 등이 있으며, 현재까지도 활동 중이다. 그의 영화는 관객의 호불호가 강하게 작용한다는 특징을 가지고 있는데, 그것은 주로 그의 영화에서 보여지는 연출 기법에 기인한다. 《화양연화》도 동일한 형식이지만, 그의 영화 가운데 《화양연화》는 가장 대중적인 성격을 보유했다고 평가받는다. 그의 연출을 통해 영상과 배우의 매력이 한껏 뿜어져 나오기 때문이다. 물론 영화의 주제도 한몫을 했다고 할 수 있다.

영화는 이루어질 수 없는 남녀의 이야기로, 대중적이면서 진부한 주제인 불륜을 다뤘지만 세련되고 정제된 영상으로 결코 자극적이지 않다. 동성애를 다룬 전작(해피투게더)에 비하면 대중에게 보다 익숙한 주제이기도 하고 영상의 속도도 한결 느려졌다.** 연출의 묘미도 극대화되어 한층 돋보였다. 이 영화는 대사를 최소화하고 있어 대사로 구체적인 내용이 전달되지 않는다. 심지어 한 번의 만남처럼 보이는 장면은 여러 차례의 만남으로 구성된 것이기도 하다. 배우들의 대사로는 알 수 없지만 여주인공의 의상이 달라져 있는 것으로 눈치 챌 수 있다. 한 평론가는 "스토리가 없는 영화에 내가 그렇게 감동을 받으리라고는 생각지도 못했다"라는 감상

---

* 대체로 1970년대에 출생해 1990년대 청년기를 보낸 세대를 지칭한다.

** 심은진, 「왕가위의 화양연화: 잃어버린 시간과 되찾은 시간」, 『문학과영상』 11-3, 2010, 655~656쪽.

을 내놓기도 하였다.* 앞서 말한 대로 소위 '미장센', 즉 카메라의 움직임부터 화면의 구도, 배우의 연기, 조명, 색채, 의상, 소품, 음악으로 이야기를 풀어낸다고 하겠다. 그래서 세련되고 감각적인 영상을 통해 생명력을 가진 영화로 완성되었다고 볼 수 있다. 이 영화는 남자 주인공 역을 맡았던 왕조위에게 칸 남우주연상을 안겨주었고, 촬영을 맡았던 두가풍(크리스토퍼 도일)과 이병빈, 편집과 미술·의상 등을 맡았던 장숙평은 벌칸상(최우수예술성취상)**을 받았다.

영화의 제목은 삽입곡으로도 사용된 주선周璇의 노래 '화양적연화花樣的年華'에서 그대로 차용한 것이다. 이 노래는 1930~40년 상하이(上海)에서 인기를 끌었던 곡이고, 영화에서는 여자 주인공의 남편이 부인의 생일날 라디오에 축하노래로 신청하면서 흘러나온다. 생일축하 음을 전주로 노래가 시작되는데, 노래가사는 "꽃 같은 시절, 달 같은 정신, 얼음 같은 총명함, 아름다운 생활, 정다운 가족, 원만한 가정. 이 외딴 섬에 짙은 안개가 끼었지만 …… 안개가 걷히고 빛이 나는 것을 볼 수 있으리"이다. 외도에 빠졌던 남편이 가정으로 돌아오겠다는 신호의 연가로 들리지만 영화 속에서는 가장 쓸쓸한 장면이다. 사실 이 노래는 일본에 점령되어 있던 상하이 사

---

* 심은진, 앞의 논문, 657쪽.
** 칸영화제의 벌칸상(The Vulcan Award of the Technical Artist)은 미술, 음향, 촬영 등 부분에서 가장 뛰어난 기술적 성취를 보여준 작품의 아티스트를 선정하여 수여하는 상이다. 국내에서는 2016년《아가씨》의 류성희 미술감독이, 2018년《버닝》의 신점희 미술감독이 벌칸상을 수상했다.

차, 문화의 형성과 변화   17

영화《화양연화》中 차우의 방

람들이 해방되기를 기원하는 노래였다. 극 중에서는 유일한 중국어 노래이기도 하고, 극 중 인물들이 듣는 음악으로 나오는 것도 다른 배경 음악들과 다르다. 그런 의미에서 이 노래를 자세히 알면 감독이 전달하고자 하는 내용이 단순히 연애사에 머물고 있지 않음을 알 수 있다. 극 중 "자세히 보면 알 수 있어요"라는 대사처럼 자세히 보면 많은 의도와 의미들을 찾을 수 있다.[*]

영화 속 남녀 주인공인 '첸부인'과 '차우'는 1962년 홍콩의 아파트에 같은 날 이사 오면서 이웃이 된다. 두 사람은 배우자들의 불륜을 알게 되고 서로 위로하는 방식으로 만남을 이어간다. 이들의 대화는 배우자로의 연기와 연습으로 채워진다. 그들이 어떻게 시작되었는지, 둘이 대체 무엇을 하고 있을지에 대해. 서로를 위로하는 방법처럼 보이지만 실제는 소심한 두 주인공들이 자신들의 욕망을 감추기 위한 것이기도 하였다. "우리는 그들과 다르잖아요"라는 대사 속에는 그들과 같은 욕망이 있지만 사회적 금기를 넘지 않으려

---

[*] 조홍선, 「《화양연화》의 정치적 의미 소고」, 『중국문학연구』 83-0, 2021, 90쪽.

는 소망이 담겨 있다.

두 사람의 진실은 발설하는 순간 금기를 넘어서는 것이 되므로 결국 남녀 주인공은 실제의 마음을 상대에게 전달하지 못한다. 남자는 "티켓이 한 장 더 있다면 나와 같이 가겠소?"라고 말했지만 더 용기내지 못한다. 여자는 "내게 자리가 있다면 내게로 돌아올 건가요?"라고 묻고 싶었지만 혼잣말로 남기고 만다. 비밀이 되어 버린 두 사람의 사랑은 남자가 앙코르와트 사원의 돌기둥에 난 구멍에 비밀을 털어놓고 봉해버리는 의식으로 끝난다. '옛날 사람들이 숨기고 싶은 비밀이 있을 때 산에 올라가 나무에 구멍을 내고 그 속에 비밀을 속삭인 뒤 진흙으로 구멍을 막아버렸다. 그럼 비밀은 영원히 묻혔다'는 이야기처럼. 두 사람이 절실히 원했지만 이루지 못한 사랑이므로 기억 속에 화양연화로 남게 되었다.

영화는 1966년을 시점으로 종결되는데, 이 시점은 많은 의미를 담고 있다. 1966년의 시점은 남녀 주인공에게 새로운 시작을 의미하는데, 이것은 홍콩에도 적용되는 것이었다. 당시는 중국 본토에서 문화혁명이 일어났고, 인도차이나반도에서는 프랑스의 식민통치가 종식되었다. 홍콩에서는 최초로 자발적인 폭동이 발생한 때이기도 했다. 왕가위 감독은 한 인터뷰에서 1966년에 대해 다음과 같은 입장을 밝혔다. "나는 1966년이 홍콩의 역사에서 중요한 시기였다는 점을 말하고 싶었다. 본토에서 건너온 많은 사람들은 홍콩의 미래와 정체성에 대하여 진지하게 생각하였다. 홍콩의 1966년은 하나의 것이 끝나고 다른 것이 시작되는 때이다"라고.

영화 속의 치파오

영화 《화양연화》 中

영화 속 첸부인이 입고 나오는 치파오(旗袍)는 시선을 사로잡는다. 첸부인 역을 맡은 장만옥의 수려한 스타일과 함께 치파오의 우아함과 색상은 영화의 색채와 상징성을 극대화하는 효과까지 있다. 장만옥이 입은 치파오는 주인공의 생각과 심리 상태를 반영하고 있는데, 그것은 색상뿐만 아니라 옷의 디자인으로도 표현되었다.

첸부인의 치파오는 차이나칼라(만다린칼라) 옷깃이 매우 높게 제작되어 있다. 이는 첸부인이 가진 윤리의식과 규범, 그리고 그녀가 처해 있는 틀을 상징한다는 생각이 들게 한다. 영화의 끝부분인 홍콩 아파트로 되돌아온 시점에 이르면 치파오의 깃은 짧은 모양이고 내려 정리한 머리모양으로 등장한다. 그때와 지금이 다름을 분명하게 보여준다. 편안해 보이는 모습은 그녀의 자유로움을 의미한다고 하겠다. 남자 주인공 차우 역시 영화 내내 정장 스타일을 크게 벗어나지 않는다. 이러한 의상들은 두 남녀가 가진 기본 입장을 상징적으로 잘 표현해 주었다.

현대의 치파오는 중국의 전통의상으로 만주족의 장포長袍에 기원한다. 실용성과 편리성을 강조한 만주족의 의상인 장포는 사냥

18세기 청대의 의상

과 말타기 등의 활발한 활동에 적합한 것으로, 좁은 소매통과 옷품
이 넉넉하지 않은 옆트임이 있는 형태였다. 청나라가 안정화되면
서 점차 한족문화의 영향을 받아 소매통이 넓어지고 옷품도 풍성
해졌다.* 남녀노소 구분 없이 입는 옷이기도 하였다.

　20세기에 들어오면서는 이 전통의상은 서구의 영향을 받아 여성
의 신체를 강조하는 원피스로 자리 잡았다. 개량 치파오는 평등과
신체 해방을 추구하는 여성의 사상과 관념을 대변하기도 하였다.**

---

* 　이재은, 이정인, 「영화 속 출연배우의 의복이 관객에게 표현되는 의미에 관
　한 탐색적 연구: 〈화양연화〉의 치파오를 중심으로」, 『문화산업연구』 13-3,
　2013, 34쪽.
** 　양베이, 장주영, 「중국 치파오 디자인의 문화 차원에서의 특성 분석」, 『한국
　콘텐츠학회논문지』 21-5, 2021, 912쪽.

자신을 드러내고 표현한다는 의미에서, 여성이 독립된 사회역할을 수행하고 사회활동을 펼치려는 욕구를 보여주는 수단으로 인식되었던 것이다. 전통의상에 기반하면서 오히려 반전통적인 성격을 가졌다고 볼 수 있다. 이와 동시에 중국 민족 의례문화의 매개체라는 측면에서 남성 중심의 전통적 사고로 여성을 여성으로서의 모습에만 한정시키려는 의미도 여전히 그속에 공존하고 있었다.

'제3의 공간' 홍콩

영화에서 보여지는 공간 배경인 홍콩은 좁은 공간의 연속이다. 주인공들의 생활공간인 아파트도 협소하고, 자주 마주치던 노점식당가는 골목길은 엇갈려 지나가야 할 정도로 좁다. 함께 택시를 타고 돌아오는 길도, 소설을 쓰며 근심을 잊고 즐거운 시간을 보내던 호텔방도 비좁다. 현재 인구 740만 명으로 세계에서 네 번째로 인구밀도가 높은 지역의 면모라고 할 수 있다.

　　홍콩이라는 지명은 '향항香港'의 광둥식 발음이다. 향나무가 교역되는 항구라는 의미였다.* 본래 홍콩은 19세기 중반 인구 7,500명 정도의 인구밀도가 낮은 낙후된 농어촌지역이었다. 그중 먼저 홍콩섬이 1842년 난징조약으로 영국에게 할양되었는데, 당시 영국이 할양받은 지역의 무용성을 제기할 정도로 홍콩은 척박하고 황폐했다. 이어서 영국은 1860년 베이징조약으로 주룽(九龍)반도와 스톤

---

* 　드니 이요 지음, 김주경 옮김, 『홍콩-중국과의 해후』, 시공사, 1998, 22쪽.

커터스섬을 추가로 양도받았
고, 1898년에는 배후지인 신계
新界지역에 대한 99년의 임대
권을 확보했다. 이로써 지금의
홍콩 규모가 되었고, 1997년의
반환 시점에 영구적으로 넘겨
졌던 홍콩섬과 주룽반도까지
모두 중국에 반환되었다.*

1960년대 홍콩의 골목길(출처: 구글)

　낙후된 지역이던 홍콩섬은
사실 이상적인 항구의 입지를
갖추고 있었다. 주변 수심이
깊고 태풍의 피해를 크게 받
지 않는 곳이었기 때문이다.** 19세기 후반 영국식민지로서 홍콩은
해안의 수심이 낮은 마카오를 대신해 인도의 고아나 말레이시아의
말라카와 같은 영국의 다른 식민지와 마카오를 연계하는 역할을
하게 되면서 새로운 항구로 급부상하게 되었다. 19세기 말에 이르
면 홍콩은 아시아에서 가장 중요한 항구로 성장하였고, 영국의 가
장 성공한 식민지의 하나로 자리매김하였다.

　영화의 배경 시대이기도 한 1960년대 홍콩은 영국 식민지이면서

---

*　이는 1984년 영국과 중국의 '홍콩반환협정'에 따른 것이다. 영국은 1997년
에 홍콩의 전체를 중국에 이양하기로 했고, 중국은 홍콩의 경제적·정치적
시스템을 반환 후 50년 동안 보장할 것을 약속했다.

**　드니 이요 지음, 김주경 옮김, 앞의 책, 30쪽.

주어진 자유를 기반으로 경제적인 풍요를 이루었다. 동시에 식민지배로 인한 부패가 만연한 사회이기도 하였다.* 당시는 서구 자본주의의 혜택을 누리면서도 식민지배에 대한 불만도 고조되었던 시기였다. 영화 속에서도 일본 출장이 잦은 여주인공의 남편이 공수해오는 핸드백과 넥타이, 가전제품에 열광하는 모습들이 보인다. 반면 영화 뒷부분에는 홍콩 사회의 혼란스러운 모습이 담겨 있다. 남자 주인공이 새 직장으로 옮겨가는 싱가포르와 뜬금없이 등장하는 캄보디아를 방문한 드골장군 환영 영상은 홍콩의 미래를 어떻게 보는가가 담겨 있다.**

홍콩의 차, 원앙

영화 속에서 차는 작은 소품으로 등장하지만 사람들에게 일상적이라는 사실은 알 수 있다. 특이한 점은 차를 뜨겁게 마시기보다는 뚜껑이 있는 유리잔에 따라 장시간 내내 마시는 습관을 가졌다는 것이다. 가정에서 일상적으로 마시는 경우도 유리잔을 주로 사용하

---

* 류영하, 『홍콩산책』, 산지니, 2019, 9~10쪽.

** 싱가포르는 '작은 도시국가'의 역사를 가지고 있고 홍콩 역시 도시국가를 꿈꾼 시기가 있었다. 영국은 1983년 홍콩반환문제의 협상카드로 주권과 통치권을 분리하려는 시도를 하였지만 중국의 거부로 협상은 소강상태가 되었다. 프랑스 드골 장군이 캄보디아를 방문한 장면은 뜬금없이 영상에 등장하는데, 이는 일반적인 식민모국과 식민지 관계, 즉 수탈과 피수탈로 점철된 적대적 관계와는 다른 양상으로, 영국과 홍콩의 관계를 연상시키기에 충분하다. 조홍선, 앞의 논문 참고.

고 있다. 사무실에서도 뚜껑이 덮인 유리잔이 항상 책상 위에 놓여 있고, 휴식공간에는 차를 타서 마실 수 있는 집기들이 구비되어 있다. 손잡이가 있는 찻잔도 있고 유리잔도 있는데, 대개 커피는 찻잔에 마시고 차는 유리잔에 마시는 습관을 보인다. 단, 차의 경우도 손님을 대접한다는 의미가 강조되어 격식을 차리는 경우 찻잔에 차를 내왔다. 이러한 습관은 습도 높고 더운 날씨와 함께 산업화되어 바쁜 도시 생활을 반영한 것으로 보인다.

홍콩은 영국에 의해 식민통치를 받으면서 중국의 여타 지역과는 다른 문화를 보유할 수밖에 없었다. 음료에 있어서도 홍콩인들은 서구의 영향을 일찍 받으면서 커피를 먼저 즐겼고 밀크티도 앞서 즐겼다. 영화 속에서도 차와 함께 커피도 일상적이었음이 보인다.

항구로 발전하면서 차와 커피를 모두 즐기던 홍콩에서 아주 특이한 음료가 생겨났는데, 그 음료는 새 이름인 '원앙鴛鴦'이라고 불렀다. '원앙'은 서구의 영향을 받으면서 생겨난 음료이면서 홍콩의 특색이 담긴, 홍콩인들의 음료라고 할 수 있다. 본래 중국인들도 모르는 음료였고 서양인들은 마시지 않는 것이었다. 중국에 있으면서 중국과는 다르고, 그렇다고 서양일 수도 없었던 홍콩과 동일한 이미지를 가진 차라고 할 수 있다.

원앙차는 원앙내차鴛鴦奶茶, 가배차咖啡茶라고도 부르고 영어로는 'coffee with tea'라고 한다. 밀크티와 커피를 혼합한 음료로, 차와 커피를 함께 혼합한 것이, 암수가 다르게 생겼지만 늘상 함께 지내는 새인 원앙과 같다고 생각해서 붙여진 이름이라고 한다.

그렇다면 원앙차는 홍콩에서 어떻게 생겨난 것일까? 근대 이전까지는 여타 중국인들이 그렇듯이 홍콩에 사는 중국인들도 본래는 커피나 밀크티를 마시지 않았다. 홍콩에 밀크티가 알려지기 시작한 것은 19세기 중엽에 영국인들이 들어오기 시작하면서였다. 커피도 이 시점에 소개되었다. 원앙차는 밀크티와 커피가 알려진 이후에야 생겨날 수 있었다.

　원앙차의 기원은 분명하지 않지만, 두 가지 기원설의 공통적인 점은 홍콩의 저층인 노동자계층에 의해 시작되었다는 것이다. 특히 부두에서 일하는 노동자들이 마시기 시작하다가 유행된 것이라고 한다. 19세기 당시는 크레인이나 기계화가 보편화되지 않았기 때문에 대부분의 일이 사람에 의해 진행되었다. 화물을 하역하고 선적시키는 일은 매우 강도가 높은 노동이었다. 부두 노동자들은 줄곧 강도 높은 노동에 시달렸으므로 갈증과 피로, 체력 저하는 쉽게 일어났다. 따라서 이들은 짧은 휴식시간에 갈증을 해소하고 정신을 맑게 하는 동시에 체력을 보충하기 위해 진한 차와 자극적인 커피를 함께 마시게 되었다고 한다. 또 다른 기원설로는 당시 작은 간판을 달고 운영하는 상점에서 팔기 시작했다고도 하는데, 이 역시 그 음료의 소비자들은 부두 노동자를 중심으로 한 사회 저층

1880년대 빅토리아 항구
(출처: 구글)

이었다. 사회 저층의 노동자들에게서 시작되었지만 이후 홍콩 내 다양한 사회계층으로 퍼져나가면서 인기를 얻었다고 한다. 현재는 홍콩의 상징적인 음료의 자리를 차지하였고 홍콩 무형문화재로도 등록되어 있다.

밀크티, 나이차(奶茶)의 유래

홍콩 사람들이 영국인들에게서 밀크티 마시는 습관을 배운 것처럼, 근대 이후에 밀크티는 서양의 영향이었다. 그런데 시대를 통틀어 보자면 밀크티, 즉 나이차(奶茶)는 동양에서 결코 낯선 음료가 아니었다. 동양의 차문화에서 동물성 첨가물을 넣은 차의 역사는 매우 오래되었다. 한족漢族 중심의 중국 차문화는 당 후기 이래 '찻잎만 사용해 마시는 것이 차'라는 전통이 강하게 이어졌지만, 사실 차에 다른 첨가물을 넣는 것은 매우 익숙하고 일반적인 방식이었다.

　차에 여러 첨가물을 넣어 마시는 방식은 차문화 초기부터 있었다. 당 왕조 때 육우는 파, 생강, 대추, 귤껍질, 수유, 박하 등을 넣고 끓여 마시는 것은 차라고 할 수 없다고 하며 못마땅하게 생각했지만* 그러한 습관은 그 이후로도 오랫동안 민간에서 이어졌다. 특히 가정에서 아이들과 마시는 차를 끓이는 방법으로 많이 애용되었다. 송대 문인 소식蘇軾도 친구에게서 선물 받은 비싼 차를 아껴 마

---

* 　치우지핑 지음, 김봉건 옮김, 『다경도설』, 이른아침, 2008, 202쪽.

시며 애지중지하다가 외출한 사이에 이를 모르는 아내가 절반이나 덜어서 생강과 소금을 넣고 아이들과 끓여 마셔 버렸다고 원망하는 글을 남겼다.* 송대에는 도시의 찻집에서 계절마다 첨가물의 종류를 바꾸어가며 다양한 맛을 만들어 파는 차도 유행했다. 이는 '뇌차擂茶'라는 용어로 기록에 남아 있으며 현재까지도 호남지역에서 여전히 즐기고 있다.** 물론 이때 첨가물들은 주로 식물성이었다.

그렇다고 해서 동물성인 낙농음료가 낯설기만 한 것도 아니었다. 차나무가 생산되지 않는 황하 유역에서는 차가 보급되기 이전에 낙농음료를 즐겼던 시기도 있었다. 바로 남북조시대 선비족鮮卑族이 통치하던 북조의 북위(北魏, 386~534) 때가 그랬다. 차에 '낙노酪奴'라는 별칭을 붙였던 때이기도 하였다. 이후 당대 운하를 따라 차가 보급되고 유행하면서 낙농 음료에 대한 선호도는 농경지역 중심인 중국에서 계승되지 못했다.

본래 차에 버터나 소·양 등의 젖을 넣는 방식은 주변 문화, 즉 유목 생활을 하는 지역의 풍속에서 시작되었다. 차가 중국의 국경을 넘어 타 문화권으로 보급되면서 티베트지역이나 서북지역 사람들은 차에 여러 가지 동물성 재료를 넣어 마셨다. 이러한 방식이 다시 중국 내부에 폭넓게 보급된 시기가 있었는데 바로 몽골시대가 그때였다.

---

*   서은미, 「송대의 飮茶生活과 차 산업의 발전」, 『동양사학연구』 90, 2005, 9쪽.
**   왕총런 저, 김하림 이상호 역, 『중국의 차문화』, 에디터, 2004, 86~188쪽.

몽골시대와 차

몽골시대는 다양한 지역의 문화가 융합된 시기였다.* 동서의 융합으로 색목인色目人들**의 활동이 많았던 시기이고, 몽골의 중국지배로 유목문화와 농경문화가 융합되었던 때이기도 하였다. 넓은 범위의 지역을 통일하여 다양한 요소들이 수용되고 새로운 형태들이 나타났던 시대로***, 그 대표적인 문화 산물로는 백자에 코발트 염료로 문양을 넣은 청화백자가 있었다.

　몽골인들이 차를 마시기 시작한 것은 칭기즈칸 시대에 이르러서 확인된다. 몽골은 통치지역이 확장됨에 따라 그 지역의 문화를 적극적으로 포용하는 모습을 보였는데, 그러한 태도는 음식문화에도 반영되었다. 식재료뿐만 아니라 조리법에서도 서아시아, 티베트, 서하, 중국, 고려, 동남아 등 각 지역과의 접촉과 교류를 통해 형성된 다양성이 존재하였다.****

　몽골인들에게 차문화는 서하와 금 등의 접촉을 통해 본격적으로 유입되었다. 당항족의 서하를 통해 중국 서북지역의 수유차酥油茶 문화를 접하고 여진의 금을 통해 전통적인 점다법의 말차 문화를

---

* 　김호동, 『몽골제국과 세계사의 탄생』, 돌베개, 2010, 158쪽.

** 　색목인이란 글자 그대로 눈동자의 색깔이 다른 사람들, 즉 '여러 종류의 사람들'로 몽골시대 때 유럽, 서아시아, 중앙아시아에서 온 외국인들의 총칭이다. 이란과 아랍 계통의 무슬림들이 많았고, 소수였지만 유럽인들도 있었다.

*** 　史衛民, 『元代社會生活史』, 中國社會科學出版社, 1996, 117쪽.

**** 조원, 「『음선정요』와 대원제국 음식문화의 동아시아 전파」, 『역사학보』 233집, 182쪽.

접한 것으로 보인다. 남송 통치지역을 접수한 이후 강남의 차문화도 유입되었다. 이와 같이 원대는 여러 지역의 다양한 문화를 공존시키며 다양성을 확보하였다.*

몽골이 통치지역을 확대해 가면서 각 지역의 기술과 문화를 적극적으로 수용할 수 있었던 이유는 무엇이었을까? 상당히 복합적인 요인들이 작용하였으리라는 것을 예상할 수 있는데, 결핍, 필요, 자신감, 성장동력 등등과 함께 열린 사회라는 유목문화의 특징에 주목하게 된다. 몽골은 자신들의 문화만을 고집하지 않고 확장한 지역의 문화와 기술을 적극적으로 수용하였다. 이러한 수용은 모방과 예속에 그치지 않고 시대의 동력을 만들어갔다. 육로와 해로를 통한 다양한 활동과 접촉을 통해 교역과 상업의 범위를 넓히는 결과를 가져왔다.

몽골 황실에서 마신 다양한 차

몽골의 원대만큼 차 만드는 방법이 다양했던 시대도 없었다. 살짝 끓여 우려낸 맑은 차에서 각종 분말 첨가제와 향료에 이르기까지 다양한 방법으로 차를 끓여 마셨다. 황실문화는 그 시대의 핵심적인 요소를 살펴보기에 적합하다. 몽골 황실에서도 역시 다양한 방식으로 차를 마시고 있었다.

당시는 실용성이 강조된 시대였던 만큼 기록에 있어서도 백과사

---

* 　서은미, 「원대 차 문화의 특징」, 『동양사학연구』 158, 2022, 317쪽.

원대 벽화 점다도點茶圖

전과 생활 실용서적이 남아 있어서 다른 시대에 오히려 부족했던 구체적인 모습을 살펴볼 수 있다. 몽골 황실의 음료를 살펴볼 수 있는 기록으로는 『음선정요飮膳正要』가 있다. 『음선정요』는 원나라 궁정에서 요리를 담당하는 음선태감을 지낸 홀사혜忽思慧의 저작으로, 다양한 요리와 조리법, 식재료뿐만 아니라 식품이 인체에 미치는 영향까지 세세히 기록한 약선서藥膳書이다.* 여기에 원의 궁정에서 어떤 종류의 차들을 어떻게 마셨는가도 자세히 남아 있다.

이전 시대의 주류적인 방법인 점다법點茶法은 이 시기에도 계승되었다. 끓인 물을 부어 다선茶筅으로 격불하는 점다點茶의 방식은 여전히 애용되고 있었지만 여기에도 다양성이 가미되었다. 그것은 찻잎만을 이용한 것이 아니라 여러 첨가물들을 혼합한 배합차를 즐겼던 것으로 이 시기를 대표하는 특징이기도 하였다. 다양한 분말 첨가물들과 동물성 재료가 점다에 사용되었다. 구기자, 수마

---

* 　조원, 「『飮膳正要』와 大元제국 음식문화의 동아시아 전파」, 『역사학보』233, 2017, 183쪽.

트라의 볶은 쌀에서 용뇌龍腦, 백약전百藥煎, 사향麝香, 우유, 수유에 이르기까지 그 가짓수도 많았다.

여러 분말 첨가물들과 동물성 재료 등을 사용해 차를 만드는 방식도 다양하였다. 상등의 자순차와 수마트라 볶은 쌀을 함께 갈아 낸 옥마말차玉磨末茶에 밀가루와 수유를 함께 섞어 점다해서 마시는 차를 '난고蘭膏'라고 불렀다. 밀가루와 수유를 섞어 고를 만든 후 끓인 물로 점다하였기 때문에 명칭에 '고膏' 자가 붙은 듯하다. '수첨酥簽'이라고 부른 차도 있었는데 호주산 상등 말차에 수유를 넣고 끓인 물로 점다한 것이었다. 옥마말차로만 점다한 차는 '건탕建湯'이라고 하였는데, 상대적으로 수유를 넣은 차보다 묽다고 생각하여 '탕湯'이라는 글자가 들어갔다고 추정해 볼 수 있다.

또한 당시는 점다 방식만 사용한 것이 아니라 맑은 차를 끓여 마시는 방식도 있었다. 이를 '청차淸茶'라고 하였는데, 명칭에 찻물이 맑았음이 표현된 것을 알 수 있다. 청차는 잎차를 물에 씻어 내고 끓는 물속에 짧은 시간에 끓여서 완성하는 것이었다. 차를 만드는 과정에서 유념의 과정이 본격적으로 발전하기 시작한 때로, 잎차가 애용되었던 시대였음을 알 수 있다. 황실에서 잎차 형태로 사용된 차로는 범전수차范殿帥茶, 자순작설차, 연미차燕尾茶 등이 있었다. 범전수차는 강절 경원로에서 진상한 차로, 남송의 전전부도지휘사였고 원조에 투항한 범문호范文虎와 관련되어 '전수殿帥'라는 명칭이 붙었다.* 연미차는 강절과 강서에서 생산되었다고 한다. 자

<hr>

* 　史衛民, 『元代社會生活史』, 中國社會科學出版社, 1996, 151쪽.

순작설차는 증제차이며, 자순작설차 외에 선춘先春, 차춘次春, 탐춘探春도 있었다고 한다.

말차 형태로는 구기차枸杞茶와 옥마차玉磨茶가 있는데 이들은 배합차였다. 구기차는 작설차와 구기자를 함께 갈아낸 것이고, 옥마차는 자순차와 수마트라 볶은 쌀을 섞어 갈아낸 것이었다. 금자차金字茶는 강남 호주에서 진상한 말차였다. 이외에도 확실한 형태를 확인할 수 없지만 덩어리차나 잎차 형태로 추측할 수 있는 차들로 사천에서 생산된 천차川茶, 등차藤茶, 과차誇茶가 있었고, 서번차西番茶와 광남에서 생산되는 해아차孩兒茶도 사용하였다. 백차에 용뇌와 백약전, 사향 등을 혼합해 덩어리차로 만들어낸 향차香茶도 있었다.

잎차시대로의 명확한 행보

몽골시대 차의 분류를 살펴보면 잎차 사용의 약진을 확인할 수 있다. 차는 그 형태에 따라 명차(茗茶, 잎차)와 말차, 그리고 납차(蠟茶, 덩어리차)로 구분하였다. 이전 시대인 송나라 때 잎차와 말차를 한 범위에 넣었던 것과는 확실히 다른 분류였다. 송나라 때 잎차와 말차를 한 범위에 넣었던 것은, 제다한 결과는 잎과 가루로 달랐지만 최종적으로 마실 때는 잎차도 갈아서 가루로 사용했기 때문이다. 송나라 사람 왕관국王觀國이 "차 중의 상등품은 모두 점다點茶해서 마신다. 끓여서 마시는 차는 모두 보통의 차들이다."라고 한 것처럼 상등의 고급차는 점다하여 마시고, 일반적인 차들은 차 가루를 그

대로 물에 넣어 끓여 마셨음을 알 수 있다.[*]

몽골의 원대에 잎차와 말차를 한 범위에 넣지 않고 별도로 구분한 것은 커다란 변화였다. 가루차는 점다하고 잎차는 끓여 마신다는 방식은 이전과 똑같아 보이지만, 이때부터는 차를 끓여 마실 때 더 이상 찻잎을 가루내지 않았다. 끓여 마신다는 '전다煎茶'라는 표현을 똑같이 사용하였지만, 송대까지는 가루차를 끓였다면 원대에는 잎차를 사용했다는 점에서 크게 달랐다. 그리고 이것은 그 다음 시대 명대의 주류방식인 포다泡茶 방식으로 가는 전 단계이기도 하였다.

원대 잎차를 끓이는 전다 방식은 『음선정요』에 기록된 '청차淸茶'이다. "물로 깨끗하게 씻어낸 차싹을 넣고 짧은 시간 끓여서 완성한다"는 청차는 13세기 말 저작인 『거가필용사류전집居家必用事類全集』에는 '전다법'이라고 기록되어 있고, 『운림당음식제도집雲林堂飮食制度集』에는 '전전다법煎前茶法'으로 기록되어 있다. 『거가필용사류전집』에서는 찻잎을 넣고 끓이는 과정에서 물이 끓어오르면 냉수를 조금 넣어 가라앉히기를 세 차례 해야 차의 색과 맛이 다 우러난다고 하였다. 『운림당음식제도집』에서는 찻잎에 끓인 물을 조금 부어 불린 다음에 불 위 냄비에서 물 끓는 소리가 들리면 불린 차를 집어넣고 잠깐 있다가 불 위에서 냄비를 내린다고 하였다.[**]

이와 같이 불 위에서 물과 함께 끓여 냈던 것은 제다 과정에서 유

---

[*]   랴오바오시우, 「중국 唐代부터 元代까지의 茶事」(국립광주박물관, 『高麗飮』, 국립박물관문화재단, 2021), 200쪽.

[**]   서은미, 「원대 차 문화의 특징」, 『동양사학연구』 158, 2022, 312~313쪽.

념이 아직 충분하지 않았기 때문일 것이다. 원대의 유념은 건조시키는 과정에 '축축할 때 손으로 가볍게 비빈다'라고 표현된 정도였다. 차를 끓인 물에 우려 마시는 지금 현대에 유념은 우스갯소리로 '바람난 남편이다 생각하고 있는 힘껏 비빈다'고 할 정도로 강하게 유념하는 것에 비하면 매우 가벼운 정도였다. 유념 정도가 충분하지 않아 끓는 물만 부어 우리기에는 아직 찻잎의 성분이 충분히 용출될 수 있는 단계가 아니었던 것으로 보인다. 따라서 불 위에서 끓는 물에 함께 살짝 끓여서 차를 우려냈던 것이다.

수유차의 보급과 유행

수유차는 유목민족들의 차 마시는 방법으로 시작되었다. '서번차西番茶'로 불린 '수유를 사용해 끓인다(煎用酥油)'는 방식은 중국의 서북지역 이민족들 사이에서 일찍부터 있었다. 몽골은 이 지역을 장악하면서 자연스럽게 수유차 마시는 방식도 받아들였다. 그리고 몽골이 중국을 장악하고 대원제국을 형성함에 따라 수유차 문화는 중국 농경지역으로도 보급되었다.

　몽골시대에는 수유차가 많이 보급되어 다양한 방식으로 즐겼다. 황실에서도 초차炒茶, 난고蘭膏, 수첨酥簽의 수유차를 즐겨 마셨다. 당시 수유차는 황실이나 유목민족들만 마시는 음료가 아니고 한족들도 즐겼던 음료로, 민간에서도 상당히 유행하였다.

　원대의 가정백과전서라고 할 수 있는 『거가필용사류전집』에는 난고차와 수첨차를 계절별로 어떻게 마시는가가 자세히 기록되어 있다. 먼저 난고차는 계절에 따라 여름에는 얼음물을 넣고, 겨울에는 끓는 물을, 봄가을에는 따뜻한 물을 넣어서 마시라고 하였다. 상등의 고급차를 갈아서 좋은 수유를 흘려 넣는데 이때 손으로 휘젓지 않는다고 하였다. 물은 많이 넣지 않고 1~2숟가락으로 충분하였고 여러 번 나누어 넣었다. 휘저어 균일하게 하고 눈같이 흰색이 되면 적당하게 완성된 것이었다. 소금을 첨가하면 맛이 한결 좋아진다고도 하였다.

수첨차는 좋은 수유를 은이나 돌 그릇에서 녹이고 가루차를 넣어 섞은 다음 끓는 물로 점다하였다. 손님의 취향에 따라 차와 수유의 양을 어떻게 할 것인가를 결정했는데, 맛은 수유가 차보다 많을 때가 좋다고 평하였다. 만들기가 쉬워서 사계절 내내 만들어 먹었고, 겨울에는 풍로 위에서 만들었다고 한다.* 이와 같이 실용이 강조되던 시대에 어울리게 다양한 방식으로 계절에 어울리게 차를 즐겨 마셨음을 알 수 있다.

차문화 속에서 몽골시대를 보는 시각

중국의 차문화를 이야기할 때 몽골시대는 거의 주목을 받지 못해왔던 것이 일반적이다. 이는 차문화의 발달에 기여도가 없다는 인식의 결과이기도 하다. 기본적으로 중국의 차문화는 당나라에서 송나라로, 다시 명나라로 이어지면서 문화적 발전은 물론 마시는

----

* 　서은미, 앞의 논문, 315~316쪽.

방법의 변화가 일어났다고 설명되어 왔다. 유목민족인 몽골의 지배시기인 원나라 때는 그저 이전시대의 것을 답습하고 다음 시대로 전달해준 역할 외에 그다지 다른 것이 없었다는 것이다. 이는 통치계층에 의한 문화적 영향력이 없었다는 것이 되는데, 그것이 가능한 일인가? 지배자에 대한 불만과 반발이 존재한다고 해도 지배계층의 영향은 사회에 크게 작용한다. 한국의 역사에서 일제 강점기를 예로 들면 쉽게 이해할 수 있다.

1세기에 이르는 몽골의 통치시기에 몽골의 영향력은 결코 적다고 볼 수 없다. 그럼에도 이 시기를 주목하지 않는 것은 일반적이지 않다. 결국, 중국의 차문화 속에서 몽골시대를 보는 편견적인 시각이 작용하고 있다고 볼 수밖에 없다.

몽골의 원元나라 시대 차문화에 대한 편견적인 관점은 어떤 내용일까. 이 시기에는 차문화에 발전이 없었다거나 차에 대한 징세가 가중되어 백성을 도탄에 몰아넣었다는 평가, 또는 점다법에서 포다법으로 가는 과도기일 뿐이라는 평가가 그 대표적인 것이다. 과도기라는 평가 저변에는 자체적인 발전적 요소가 부족하다는 의미가 담겨 있다. 실제 몽골시대에 차문화에 발전적 요소가 부족했다고 볼 수 있는가?

사실 원대는 유념 과정을 거치는 제다법이 확립된 시기이고, 잎차를 이용한 전다법이 정착된 시대였다. 가루차 문화가 당대의 자다법에서 송대의 점다법으로 발전했듯이, 잎차 문화는 원대 전다법에서 명대의 포다법으로 발전했다고 보아야 한다. 따라서 이때 원대의 전다법은 송대의 점다법과 명대의 포다법과 같이 독립적인 시대의 특징으로 보아야 한다. 게다가 이 시기에는 다양성의 확립 이라는 차문화의 발전이 있었다.

그렇다면 무엇 때문에 원대의 차문화는 저평가된 것일까? 여기 에는 여러 가지 요인들이 작용하였다. 무엇보다도 이민족 지배에 대한 정치적·군사적 적대감이 이후 시기에 지속적으로 작용했음 을 주목하게 된다. 이는 문화적 거부감으로 이어졌다. 주자학으로 무장한 지식인들의 중국 중심적 사고는 문화적 우월감을 기반한 구별의식을 더욱 강화시켜 갔다. 이러한 분위기에서 원대의 것은 비문화적이고 저급한 것으로 평가될 수밖에 없었다. 결국 원대 차 문화는 '문화적인 편견'으로 상당히 저평가되어 왔다는 점을 생각 해 볼 수 있다.

유목과 농경이라는 문화의 기반이 다르고, 게다가 명대는 주자 학에 기반한 유교적 통치체제를 지향하였다. 국초에 철저한 몽고 문화 지우기가 시행되기도 하였다. 게다가 원나라가 교역을 중심 으로 하는 경제성장과 발전을 지향했다면 명나라는 농업사회로의 회귀를 기조로 삼았다. 따라서 원이 시행한 제반 정책들은 매우 부 정적으로 보일 수밖에 없었다. 국초에 정책 목표의 하나는 몽골풍 의 청산이었고, 한족주의적, 주자학적 사상에 기초한 명조의 지식 인들은 몽골시대에 대한 뿌리 깊은 반감을 드러냈다.

이러한 흐름은 차문화에도 영향을 미쳤다. 명대의 차문화는 단 독으로 차만을 소비하는 형태로 규정되고, 그 외의 소재를 사용하 는 것은 진정한 차가 아니라고 제한하였다. 이로써 원나라 때 형성 되었던 차의 다양성은 계승되지 못했다.

각 시대마다 그 시기와 환경에 따른 색채를 가지게 되는 것은 당
연한 일이다. 그러한 변화의 선택과 집중에는 보다 복합적이고 확
장적인 태도가 합리적이고 발전적인 결과물을 형성하게 된다. 여
기에 편견적이고 폐쇄적인 입장이 개입된다면 문화 변화와 발전
에 부정적인 영향을 미칠 것이다. 외부적이고 이질적인 것에 대한
수용력이 적어진다는 것은 장기적으로 문화의 발전에 큰 걸림돌이
된다. 그런 의미에서 지역적 문화적 분리의식, 나아가 그에 따라 형
성된 편견과 혐오는 중국의 차문화에도 영향을 미쳤음에 틀림없
다. 동물성 첨가물을 넣은 차 음료가 중국 차문화에서 낯선 것이 된
것도 그런 영향일 것이다.

참고문헌

국립광주박물관, 『高麗飮』, 국립박물관문화재단, 2021.

김호동, 『몽골제국과 세계사의 탄생』, 돌베개, 2010.

드니 이요 지음, 김주경 옮김, 『홍콩-중국과의 해후』, 시공사, 1998.

왕충런 저, 김하림 이상호 역, 『중국의 차문화』, 에디터, 2004.

류영하, 『홍콩산책』, 산지니, 2019.

치우지핑 저, 김봉건 역, 『다경도설』, 이른아침, 2008.

史衛民, 『元代社會生活史』, 中國社會科學出版社, 1996.

권승태, 「미장센과 몽타주를 통합하는 디지털 편집」, 『미술문화연구』 20, 2021.

김소영, 「욕망이 충돌하는 일상의 공간, 왕가위 영화의 노마디즘 읽기: 〈중경삼림〉〈화양연화〉〈2046〉을 중심으로」, 『영화연구』 76, 2018.

김수정, 「영화 미장센을 통해 살펴본 사회계층 간 아비투스 특징고찰: 영화 〈기생충〉을 중심으로」, 『애니메이션연구』 16-2(통권 54호), 2020.

김일송, 「스트린 속도시: 〈화양연화〉의 홍콩 그리고 캄보디아」, 『도시문제』 48권 (538호) 2014.

김철권, 임진수, 「화양연화: 불충족의 욕망과 불가능한 욕망의 어긋남에 대하여」, 『영화연구』 84, 2020-06.

김호동, 「원대의 한문실록과 몽문실록-『원사』 「본기」의 중국중심적 일면성의 해명을 위하여」, 『동양사학연구』 109, 2009.

서은미, 「송대의 飮茶生活과 차 산업의 발전」, 『동양사학연구』 90, 2005.

서은미, 「원대 차 문화의 특징」, 『동양사학연구』 158, 2022.

심은진, 「왕가위의 화양연화: 잃어버린 시간과 되찾은 시간」, 『문학과영상』 11-3, 2010-12.

양베이, 장주영, 「중국 치파오 디자인의 문화 차원에서의 특성 분석」, 『한국콘텐츠학회논문지』 21-5, 2021.

이원석, 「'史不當滅'과 '論議之公'-명초 『원사』 편찬 관념의 배경과 실제」, 『동양사학연구』138, 2017.

이재은, 이정인, 「영화 속 출연배우의 의복이 관객에게 표현되는 의미에 관한 탐
색적 연구: 〈화양연화〉의 치파오를 중심으로」, 『문화산업연구』13-3, 2013.

조원, 「『飮膳正要』와 大元제국 음식문화의 동아시아 전파」, 『역사학보』233,
2017.

조홍선, 「화양연화의 정치적 의미 소고」, 『중국문학연구』30, 2021.

인  생, 그리고 차 한잔

영화《인생》

• 김용재 •

서울대학교 정치학과에서 「청말민초 중국의 근대국가 건설과 자유: 쑨원 자유관의 공화주의적 고찰」 연구로 석사 학위를 마치고, 현재 유엔협회세계연맹 파트너십&이노베이션 담당관을 맡고 있다. 1994년 유홍준 교수와 답사를 다니며 차문화에 관심을 가지기 시작했고, 2004년부터 전국 각지 차밭나들이를 다니고 있다. 공군사관학교 교수요원을 역임하였고, 한중일협력사무국 대외협력팀을 이끌며 정부 간 회담 및 국내외 문화 행사를 기획해왔다. 차문화동호회 청년청담 대표이자 『차를 시작합니다』의 저자로서 지속가능한 차문화를 만들어가고 있다.

인생

감독 장예모, 주연 공리, 길우

중국, 1994

영화 《인생》의 여러 제목

《인생》은 중국을 대표하는 감독 장이머우(張藝謀)가 노벨문학상에 가장 근접한 아시아 소설가로 손꼽히는 위화(余華)의 원작 소설을 배우 공리(巩俐) 주연으로 그려낸 영화다. 제목 그대로 한 사내의 인생을 충실히 서술한 영화이지만, 그 가족의 서사를 통해서 청나라 말부터 중화인민공화국으로 이어지는 중국 현대사의 질곡 또한 생생하게 보여준다. 역사적 인물이나 거대 담론을 다루는 대신 그 아래서 숨죽이고 살아온 민초들의 '인생'에 천착함으로써 시대를 오롯이 담아냈다. 덕분에 이 영화는 중국 연구자라면 몇 번이고 돌려봐야 하는 교재로 평가받기도 한다.

 《인생》을 처음 본 것은 석사 논문 주제를 한창 고민하던 2008년 연말이었다. 비현실적일지라도 비극보다는 해피엔딩이 좋다고 공공연하게 말하고 다니던 필자에게 이 영화는 피해 갈 수 없는 관문과도 같았다. 20세기 초 중국의 정치사상을 연구 분야로 삼은 이상 꼭 봐야 하는 자료였지만 마음을 놓을 만하면 다시금 이 가족에게 들이닥치는 고비와 난관, 그리고 뼈아픈 상실을 지켜보기가 쉽지 않았다. 어떻게 세상의 모든 불행이 이 가족에게만 찾아올 수 있냐고 감독의 시나리오를 탓하기에는 중일전쟁, 국공내전, 반혁명

진압, 대약진운동 그리고 문화대혁명이 숨 쉴 틈 없이 이어진 현대 중국의 시공간에서 수없이 펼쳐졌을 인생이라는 데 이론의 여지가 없었다.

영화가 배경으로 삼고 있는 1940년대부터 1970년대에 이르는 이 시기를 지나온 인생이 겪어야 했던 불안과 아픔은 단순히 전쟁이나 굶주림 때문만은 아니었다. 오히려 하늘처럼 여겨지던 가치관이 뒤집히기도 하고 새로 세워지기도 하면서 하루아침에 역적이 영웅이 되고, 권력자가 죄인이 되는 혼란 속에서 발걸음을 내딛고, 자식을 건사해야 하는 부모에게는 간도 쓸개도, 짜낼 눈물도 남은 게 없었다.

한국에서 개봉할 때는 영문 제목《To Live》와 비슷한 의미를 담은《인생》이었지만 중국어 원작은《活着(활착)》*이라는 조금 다른 느낌의 제목을 달고 개봉했었다. 한글 사전에서 '활착'이라는 한자어는 단순히 옮겨 심거나 접목한 식물이 뿌리를 내려 살아난 것을 의미하지만, 중국어 사전에서는 조금 더 구체적인 의미를 담고 있다.

영화를 보기 전까지는 대수롭지 않게 여겼지만, 인생의 난관에 봉착할 때마다 바람 따라 눕는 풀처럼 적응하는 주인공을 보면서 '활착'이란 제목의 의미를 몇 번이나 되뇔 수밖에 없었다. 이렇게 본다면, 단순한 번역상의 뉘앙스 차이가 아니라 이를 온전히 번역

---

* 活着: ①명사 (바둑·장기의) 사는 수. ②명사 〔비유〕 융통성 있는 수단이나 계획.

영화《인생》의 다양한 제목(출처: 나무위키)

할 만한 표현을 찾기 어려웠던 것은 아닌가 하는 생각도 들었다. 마치 한국인들이 '情'이라는 한 글자로 마음을 전하는 예전 초코파이 광고에 뭉클해 하는 것을 다른 나라 사람들은 쉽사리 이해하기 어려운 것처럼 말이다.

책도 그렇지만 영화도 제목이 흥행에 많은 영향을 미친다. 관심을 끌고 확실히 어필할 수 있는 제목을 뽑아내는 이유이다. 이렇게 본다면 '인생'이 국문 제목으로 결정된 것 또한 충분히 이해가 간다. 영화가 담고 있는 메시지를 모두 전달하기에는 부족하더라도 관객들이 이 영화에 대한 일정한 기대와 상상을 가능하게 하는 제목이기 때문이다. 인생이란 단어에서 새옹지마를 떠올리는 사람도, 인과응보를 생각하는 사람도 있을 테고, 불가의 윤회와 도가의 무위를 생각하며 이 영화가 어떤 이야기로 교훈을 전할지 기대하는 이도 있었을 것이다. 이 영화 DVD를 처음 받아 든 필자 또한 마찬가지였다.

그런 기대를 품은 한국 관객에게 이 영화는 실망을 안겨주기에 충분했다. 역사적 인물을 그리는 것도, 사실관계에 충실해야 하는 사극도 아니면서, 뚜렷한 기승전결 대신 비극이 꼬리에 꼬리를 물다가 엔딩 크레딧이 올라왔으니 말문이 막힐 법도 하다. 장예모 감독도 인생 희로애락을 맛깔나게 그려내는 영화가 흥행한다는 공식을 모르지는 않았을 것이다. 그렇지 않았다면 주인공 푸구이(福貴)를 제외한 모든 가족이 세상을 떠나고 비참하게 끝나는 원작 소설과 달리 부인과 사위, 외손자만큼은 살려서 희망의 불씨로 남겨두는 변화구로 마무리하지는 않았을 테니 말이다.

감독의 속마음이야 누가 알 수 있을까만서도, 바람의 방향이 수시로 바뀌듯 이데올로기와 가치관이 세워지고 무너지고를 반복하는 세월을 살아낸 민초의 얼굴을 제대로 그려낸 것만은 사실이었다. 문화대혁명의 민낯을 오롯이 드러낸 덕분에 중국 국내에서는

영화《비정성시》의 다양한 제목(출처: 씨네21)

개봉 금지, 출국 금지 조치까지 당했지만, 이 영화 덕분에 세계적인 감독으로 거듭났으니 흥행보다 더 큰 것을 얻기도 했다. 그런 점에서 이 영화는 비슷한 시기의 타이완을 배경으로 한 가족의 삶을 그려낸, 허우샤오시엔(候孝賢) 감독의《비정성시非情城市》와 자주 비교되곤 한다. 그 시대 어느 집안에서 일어났음직한 이야기를 뚜렷한 지향 없이 풀어놓는 것 자체가 양안兩岸에서 이데올로기 검열이 생생하게 살아있던 시기에 예민한 소재를 다루는 한 방식이었는지도 모르겠다.

《인생》의 모티프, 찻잔

이 영화를 읽어내는 다양한 내러티브가 있겠지만, 기존의 리뷰들에서 충분히 다뤄지지 않은 부분 중 하나가 바로 '찻잔'이다. 동서

영화《인생》中 도박장에서 차를 마시는 풍경　　　길거리에서 차도구를 파는 푸구이

고금을 막론하고 술잔이 등장하지 않는 영화를 찾기란 쉬운 일이
아니지만, 차를 마시는 장면이 이 영화만큼 자주 나오는 영화 또한
드물 것이다. 특히 1940년대부터 1970년대에 이르는 중국 사회의
격변기를 그려내는 영화인 만큼 찻잔의 종류와 마시는 풍경에서
중국 차문화의 변화를 실감할 수도 있다. 감독이 차문화에 특별한
관심을 두고 촬영에 임한 것으로 보이지는 않지만, 거꾸로 평범한
중국인의 일상에서 따뜻한 물과 차가 차지하는 비중이 얼마나 큰
지 드러난다.

　각지에서 중일전쟁과 국공내전이 이어지던 1940년대, 유복한 가
정에서 태어난 주인공 푸구이는 하는 일 없이 매일 밤을 도박장에
서 지새운다. 작은 개완배에 차를 넣고 물만 부어서 간단하게 마시
는 다른 이들과 달리 푸구이 도련님은 하인 춘청이 다관에 우려서
따라주는 차를 마시면서 도박을 하지만 결과는 늘 신통치 않다. 아
이까지 둘러업고 도박장을 찾아와서 함께 귀가할 것을 간절히 바
라는 아내 지아전을 야속하게 내칠 만큼 도박에 중독되어 있었던
그가 패가망신하는 것은 시간문제였다.

　푸구이의 저택을 통째로 집어삼키려고 작정하고 있던 도박장의

자사호를 들고 마시는 차

'꾼'들의 인내심과 친절은 그의 빚 도장이 수첩을 가득 채울 때까지였다. 마지막 도장이 찍히자 빚쟁이들은 사정없이 푸구이의 가족을 거리로 내몰기에 이른다. 그 과정에서 지아전은 아이를 안고 친정으로 떠나고, 푸구이의 부친은 충격에 세상을 등지고 만다. 뒤늦게 "다 잃었어"라고 애통하게 땅을 쳐보지만 거리로 나앉은 그가 살 방도는 집안을 가득 채우고 있던 귀한 기물들을 내다 파는 것뿐이었다.

도박 빚으로 자기 집을 통째로 빼앗아 간 빚쟁이 룽얼을 찾아가 살 방도를 마련해달라고 읍소도 해보지만, 어느덧 갑을관계는 바뀌어 있었다. 돈이 있을 때 도련님이었지 이제 푸구이는 집도 절도 없는 비렁뱅이에 불과했기 때문이다. 앉을 자리조차 내주지 않은 채 자기 혼자 차를 마시는 룽얼의 손에는 이전과 달리 개완배가 아니라 고급 자사호가 들려 있었다. 예전 습관이 어디 가지 않아서일지, 실제로 그렇게 차를 마시는 풍습이 있었는지 고증이 필요한 일이지만, 차가 들어 있는 자사호를 통째로 들고 쪽쪽 빨아 마시는 특이한 음다법을 마주하게 되는 장면이 여기서 나온다.

처자식 내팽개치고 밤새 도박하다 집을 잃고 부친까지 화병火病

으로 돌아가게 한 푸구이를 동정하고 싶은 관객은 아무도 없겠지만, 이제라도 성실하게 살면서 훈계하는 빚쟁이의 모습 또한 거슬리긴 매한가지다. 이런 마음을 달래주는 이 영화의 첫 번째 반전은 국공내전이 끝나고 공산당이 중국 대륙을 장악하면서 벌어지게 된다. 큰 저택을 차지하고 살던 지주들이 반동으로 몰려서 인민재판을 받고 단칸방에 살던 가난한 이들이 큰 목소리를 낼 수 있는 시대가 열렸기 때문이다. 덕분에 푸구이한테 저택을 빼앗아 살던 룽얼은 비참한 최후를 맞이하게 되고, 푸구이 가족은 자신들의 운명이 될 수도 있었던 장면을 보면서 가슴을 쓸어내린다.

이후 반혁명진압운동(1950~1951), 대약진운동(1959~1961), 그리고 1960년대 문화대혁명을 거치면서도 삶은 계속된다. 사람들은 여전히 정을 나누고 차를 나눠 마시지만, 차를 다루는 기물은 점차 국그릇 하나, 물컵 하나로 형편없어진다. 대약진운동으로 집집마다 쇠붙이라는 쇠붙이는 솥단지 하나까지 다 공출해가는 바람에 아침마다 마을 공동 수도에서 끓인 물을 배급받는 일상이지만, 손님이 오면 따뜻한 물 한잔이라도 내는 풍경은 그대로다.

영화 《인생》中 공산혁명 이후 반동 지주로 몰린 도박꾼 룽얼

국공내전 종식 이후 중화인민공화국의 일상

차 한잔에 담기는 환대와 용서의 의미가 폭발적으로 터져 나오는 장면은 집으로 찾아온 옛 하인 춘청에게 지아전이 차를 내는 순간이다. 인민해방군으로 복무하면서 승진을 거듭해서 당 간부로 부임하게 된 춘청과의 재회는 불의의 자동차 사고로 푸구이의 아들 유칭이 춘청의 차에 치여 죽으면서 악몽이 되고 만다. 청각장애를 가진 누나를 지키면서 누구보다 다정하던 아들을 잃은 지아전이 춘청에게 분노를 쏟아내는 장면은 불행으로 가득 찬 이 영화 속에서도 가슴이 무너져 내리는 순간으로 기억된다. 어떤 고통 앞에서도 좀처럼 감정을 드러내지 않던 그녀였기에 대비는 더욱 강렬하게 다가온다.

촉망받던 당 간부였던 춘청은 과실치사 사건에도 불구하고 아무런 처벌을 받지 않았지만, 갚을 길 없는 죄책감에 연신 푸구이 가족을 찾고 속죄를 거듭한다. 더 이상 잃을 것이 없기에 남편의 설득에도 불구하고 완강하던 지아전이 마침내 마음의 빗장을 내려놓고 차를 내던 날은 춘청이 마지막으로 찾아온 날이었다. 또다시 세상

영화《인생》中 지아전이 자신의 아들 유칭을 죽게 만든 춘성에게 내는 차

이 바뀌면서 춘청이 해당분자로 몰리고, 모든 걸 잃게 되는 시기가 찾아왔기 때문이다. 아이를 잃는 사고만 아니었다면 푸구이는 춘청과 가까이 지냈을 테고, 그랬다면 같은 해당분자로 몰려서 또 다른 시련을 겪었을지도 모르니 이 대목에서 관객들은 다시 한 번 가슴을 쓸어내리게 된다.

아들을 먼저 떠나보낸 부부가 하나 남은 딸 펑샤의 혼례를 마치고서 끓여내는 차 한잔은 이 영화에서 나오는 마지막 찻자리다. 귀가 들리지 않는 딸을 한쪽 다리가 불편한 사위에게 보내고, 둘의 결합이 가족을 다시금 온전하게 해주길 간절히 바라는 부부의 마음이 담긴 찻잔에 관객 또한 마음을 더하게 된다. 만약 한국 영화였다면, 이 장면에서 산울림 제6집에 실린 〈찻잔〉을 배경음악으로 넣었으면 어땠을까 잠시 상상해본다. 김창완 씨의 나직한 목소리와 따뜻한 가사가 듣는 이들의 심금을 울리지 않았을까?

찻잔 _ 김창완
너무 진하지 않은 향기를 담고
진한 갈색 탁자에 다소곳이
말을 건네기도 어색하게
너는 너무도 조용히 지키고 있구나
너를 만지면 손끝이 따뜻해
온몸에 너의 열기가 퍼져
소리 없는 정이 내게로 흐른다

산울림 제6집 LP 커버

《인생》의 모티프, 낡은 궤짝

이 영화를 관통하는 또 하나의 모티프는 그림자극(皮影) 도구가 들어 있는 낡은 궤짝 하나다. 그림자극은 유네스코 문화유산으로 등재되어 있을 만큼 유구한 전통을 인정받은 중국인들의 오랜 오락거리이다. 『삼국지연의』, 『수호지』, 『홍루몽』에 나오는 재미난 장면들을 가죽이나 종이로 만든 인형을 이용해서 재현하면서 연주와 노래를 곁들이는 공연인데, 상대적으로 적은 인원만으로도 극을 구성할 수 있어서 정식 무대는 물론, 큰 식당이나 차관, 도박장, 시골 장터에서도 많이 볼 수 있었다고 한다.

주인공 푸구이 또한 밤새 노름하면서 매일같이 보고 듣던 그림자극이었기에 배우의 노래나 대사가 시원찮은 날은 무대로 들어가 직접 시범을 보일 만큼 그림자극에 관심과 애정을 품고 있었다. 그저 익숙한 놀이에 불과했던 그림자극이 푸구이의 삶 속으로 들어온 것은 앞서 언급한 빚쟁이 룽얼의 집에 찾아가서 살 방도를 달라고 부탁하는 장면부터이다.

영화《인생》中 중국 그림자극

영화《인생》中 낡은 궤짝을 메고
전장을 누빈 푸구이

　함께 기나긴 밤을 지새우며 쌓은 정이 있었던지 룽얼이 자신이
예전에 쓰던 그림자극 도구가 담긴 궤짝을 통째로 푸구이에게 내
주었기 때문이다. 배운 게 도둑질이라는 말처럼 매일 밤새 듣고 보
았던 그림자극은 금세 좋은 밥벌이가 되었다. 여러 지방을 다니면
서 부지런히 노래를 부르고 인형 그림자를 비추면서 푸구이는 영
화가 시작된 이래 처음으로 해맑은 미소를 보인다. 이윽고 친정으
로 떠났던 부인 지아전이 큰딸은 물론, 뱃속에 있는 아들과 함께 집
으로 돌아오면서 푸구이 가족은 다시금 하나가 된다.

　그렇게 땀을 흘리면서 성실하게 살면 나아질 줄 알았던 푸구이
의 인생은 국공내전의 소용돌이에 빠져들면서 다시금 위기에 처하
게 된다. 하인 춘성과 함께 공연단을 꾸려서 신나게 지방을 다니다
가 어느새 전쟁터 한가운데에 들어선 것이다. 그래도 기지를 발휘
해서 죽지 않고 국민당과 공산당 진영에서 무사히 살아남은 푸구
이는 낡은 궤짝을 들고 무사히 집으로 돌아온다. 낡은 봉건의 잔재
를 읊조리는 유물이었지만 별다른 오락거리가 없는 전장에서 사랑
받은 덕분에 인민군을 위해 복무했다는 확인서까지 받아서 사지
건강하게 돌아왔으니 기적과 다름없는 일이었다.

"시간을 붙잡아 주시어요.
저와 임에게 시간을 더 주시면
상아 침대 위에서 즐겁게 보내렵니다."
_그림자극에서 나오는 노래 가사

기쁜 마음으로 살아서 돌아왔지만, 아빠를 반기는 딸은 소리 내서 아빠를 부르지 못한다. 전쟁 중에 열병을 앓고 목소리와 청력을 모두 잃었기 때문이다. 평생 아들 때문에 속만 썩었던 노모 역시 효도할 기회를 주지 않고 세상을 등졌다는 소식만 덩그러니 남아 있었다. 그래도 다시 하나가 된 가족은 힘을 내서 낮에는 노동하고 주말에는 동네 사람들에게 그림자극을 보여주면서 웃음을 되찾아간다.

체제에 순응하면서 살아가는 이 가족에게 당 간부는 적잖은 호의를 베푼다. 봉건 잔재로 규정된 그림자극을 더 이상 못하게 되었음에도 미련을 버리지 못하고 궤짝 안에 도구를 보관하고 있던 푸구이를 고발하지 않고 눈감아준 것은 물론, 쇠붙이란 쇠붙이는 모조리 공출하던 대약진운동 시기에도 그림자극 도구를 숨겨둘 수 있도록 마음을 써주었던 것이다. 이러한 호의에 대한 부채의식 때문이었을까, 푸구이는 대약진운동의 성공을 위해 잠이 부족한 아들을 혼내가면서 성의를 보였는데, 그 결과는 끔찍한 자동차 사고로 자식을 잃는 것이었다.

당 간부인 가해자를 향해 분노를 표현할 용기조차 잃은 지 오래인 푸구이의 텅 빈 마음은 문화대혁명이 시작되자 궤짝 속에 남아 있던 그림자극 도구를 송두리째 불태우면서 적나라하게 드러난다.

구습에서 벗어난다는 의식적인 행동이었지만, 좁은 집 한쪽에 그대로 남겨진 텅 빈 궤짝의 존재감은 결코 작지 않았다.

텅 빈 궤짝에 다시금 활기가 돈은 것은 하나 남은 딸이 세상을 떠나면서 남긴 외손자가 뛰어놀 만큼 크고 난 다음의 일이다. 병아리를 안고 와서 어디서 키우면 좋겠냐는 손주에게 푸구이는 낡은 궤짝을 내주면서 옛이야기를 들려준다. 극 중 푸구이의 아버지가 해주셨던 "우리 쉬 씨 집안 조상들은 병아리 한 마리를 키웠을 뿐인데, 그 병아리가 자라서 닭이 되었고, 닭이 자라서 거위가 되었고, 거위가 자라서 양이 되었고, 양이 다시 소가 되었단다. 우리 쉬 씨 집안은 그렇게 발전해왔다"는 이야기였다. 사실 이 이야기는 대약진운동이 한창이던 시절에도 한 번 나온 적이 있다. 아들이 죽기 전에도 푸구이는 아들에게 이 이야기를 들려주면서 소가 공산주의가 되는 거라고 살짝 변용을 했었는데, 손주에게는 또 조금 달리 이야기한다. 소가 크면 찐빵이(손주)도 커서 그 소를 탈 거라고, 소도 타고, 비행기도 타고, 배도 타라는 푸구이의 대사에는 마침내 희망이 담긴다.

영화 《인생》 中 궤짝에 병아리를 키우는 푸구이와 외손자

차 한 잔 같은 인생

차를 마시면 마실수록, 인생을 살면 살수록 차와 인생은 서로 닮았다고 생각하게 된다. 어느 정도 익숙해졌다 싶으면 새로운 지평이 열리며 변화가 찾아온다는 점도, 세월이 지나간다고 저절로 되는 것은 없다는 점도, 7막 7장에 이를 때까지 결과를 알 수 없다는 점도 그렇다. 쓴맛, 단맛, 신맛, 매운맛, 짠맛의 오미五味를 모두 갖췄다는 점 또한 둘은 서로 닮아 있다.

무엇보다 차와 인생이 서로 닮았다고 생각하는 부분은 바로 감동을 떠올린다는 점이다. 좋은 인생, 나쁜 인생 구분할 것 없이 누구나 한 번 사는 인생이지만, 우리는 감동을 남기는 인생을 기억하고 그 이야기를 후대에 전하곤 한다. 그리고 감동적인 인생을 논하는 데 있어서 사회적 명성이나 부는 별개인 경우가 일반적이다. 어떤 역경에 직면해서도 굴하지 않고 마음을 나누고 향기를 남겼는지가 근거가 되는 경우가 많다. 차 역시 마찬가지다. 비싼 차, 유명한 사람이 만든 차라고 반드시 감동을 주는 것은 아니다. 외려 누가 어떤 마음으로 내주었는가에서 더 큰 감동으로 오래 기억되고 남는 경우가 많다.

영화니까 가능한 이야기지 현실에서 저런 불행과 불운이 한 사람에게 집중될 수 있을까, 하는 생각이 들 만큼 처절한 인생을 살아낸 주인공의 삶에서 잔잔하게 번져오는 감동을 느끼면서 다시금 이 영화의 원제목 '활착活着'을 떠올려본다. 원작 소설 한국어판 서문에서 작가 위화는 이렇게 설명한다. '살아간다는 것(活着)'은 매우 힘이 넘치는 말이며, 그 힘은 절규나 공격에서 나오는 게 아니라 인내, 즉 생명이 우리에게 부여한 책임과 현실이 우리에게 준 행복과 고통, 무료함과 평범함을 견뎌내는 데서 나온다고 말이다.

최근 가나자와 세계 공예 트리엔날레 참석차 일본에 갔다가 1666년부터 가나자와 지역에서 도자기를 빚어온 오희(大樋) 가문의 11대 당주(家元)의 차실에 초대 받아서 차를 나누다가 크게 감동한 적이 있다. 이시카와현을 대표하는 도예 작가로서 개인 미술관을 가지고 있을 만큼 막대한 부와 명예를 누리고 있는 분이었기에 그저 아름다운 기물에 차를 한 잔 누릴 수 있으리라 생각하고 찾은 자리였는데, 이날 그가 내가 전한 이야기는 내 상상을 뛰어넘는 것이었다.

말차를 내면서 시작된 그의 이야기는 일본 차의 정신이라는 와비사비에 관한 것이었다. 일본 차에 관한 책을 열면, '쓸쓸하고 적막한 서정과 불완전성에서 오히려 더 큰 숨겨진 가치를 찾는 몹시 어려운 개념'으로 설명하는 이 개념을 그는 '비할 데 없는 크나큰 상실을 겪고서 자연에서 위안을 얻는 것'으로 설명했다. 인생에 있

도예가 오희 토시오 작가

어서 무엇 하나 아쉬울 것 없이 성공 가도를 달리던 그가 사고로 다큰 딸을 잃고서 정신 나간 사람처럼 시간을 보내던 중 비로소 와비사비의 의미를 깨달을 수 있었다는 것이다.

야속하게도 해마다 딸의 생일이 돌아오고, 기일이 돌아올 때마다 창자가 끊어지는 고통은 반복되지만, 그는 그 고통을 짊어지고 극복해나가고 있는 것으로 보였다. 고상하게 말로만 깨달음을 외치는 것이 아니라, 앞이 보이지 않는 시각장애인들을 초대해서 그들도 와비사비를 깨닫고 차문화를 향유할 수 있도록 그들을 위한 전용 찻사발을 만들고 제공하고 있었다. 내 아픔에 사로잡혀서 인생을 놓아버리는 대신 그동안 보지 못했던 곳을 들여다보고 나눌 수 있는 인생에서 어찌 진한 감동을 느끼지 않을 수 있을까.

우리가 꼭 감동하려고 영화를 보는 것은 아니다. 감동을 남기기 위해서 인생을 살아가는 것 또한 아니며, 감동이 차를 마시는 목적인 경우는 드물다. 그렇지만 영화를 보면서 가슴 먹먹한 감동을 느끼고 싶다면 이 영화를 추천한다. 영화를 보고 나서는 사랑하는 이와 정성껏 내린 차를 한잔 마시기를 권한다. 남은 인생을 좀 더 멋지게 살아볼 용기가 날지도 모르니 말이다.

참고문헌

오카쿠라 덴신 저, 정천구 역, 『차의 책』, 산지니
위화 저, 백원담 역, 『인생』, 푸른숲
조준현 저, 『영화로 읽는 중국 역사와 경제』, 오름

차, 거듭나는 시간의 이야기

영화 《무인 곽원갑》

・ 김세리 ・

성균관대학교에서 철학박사 학위를 취득하고, 같은 대학 유학
대학원 초빙교수, 한국차문화산업연구소 소장, 성균예절차문화
연구소 고문으로 활동하고 있다. 저서로『동아시아 차문화연대
기-차의 시간을 걷다』,『길 위의 우리 철학』,『공감생활예절』등
이 있다. 월간『다도』, 더칼럼니스트(www.thecolumnist.kr)의 필
진으로 차 인문학에 관련한 글을 꾸준히 쓰고 있다.

무인 곽원갑

감독 우인태, 주연 이연걸

중국, 미국, 홍콩, 2006

인생을 살아가다보면 남들에 비해 비교적 평탄한 삶을 사는 사람
도 있고, 어릴 적에 힘든 일을 많이 겪었다가 스스로 노력하여 자수
성가自手成家하는 이도 있고, 처음에는 부유하게 살다가 갑자기 실
패하거나 망하여 힘든 삶을 살게 되는 경우도 있다. 선택으로 할 수
있는 일은 아니지만 굳이 싫은 쪽을 선택한다면 아마도 마지막이
아닐까 싶다. 있이 살다가 없이 사는 것은 어쩐지 더 힘들고 괴로울
것 같기 때문이다. 우리의 삶이 항상 평탄하지만은 않다. 크고 작게
고된 일을 겪기 마련이다. 영화《무인 곽원갑》은 곽원갑의 인생 통
하여 인간이 역경의 시간을 어떻게 보내는가에 따라서 그다음 만
들어가는 인생이 어떻게 달라지는지를 보여주는 영화이다.

　곽원갑(霍元甲, 1857~1909)은 실제 인물로 청淸나라 말기 저명한
애국 무술가武術家이다. 그는 무예가 출중하고 또 정의를 목숨처럼
소중하게 여겼다. 집안 대대로 전해 내려오는 미종권迷蹤拳의 절기
絕技를 지니고 있었다. 천진天津과 상해上海에서 서양 역사力士들과
무술시합을 하여 세상에 널리 알려졌다. 그를 소재로 많은 영화작
품이 나오고 있다. 우리가 이순신, 세종대왕을 국민 모두가 알고 있
는 것처럼 중국인이라면 모두 곽원갑을 알고 존경하고 있다.

　서구열강이 중국을 침략하던 시기에 살았던 그는 깊은 애국심을

곽원갑(출처: 네이버)

가진 무인 중 한 명이었고 외국인들의 도전에 응해 싸우기도 하였다. 그는 중국 무술이 좀 더 개방되어야 한다고 믿었다. 그 무렵 중국엔 스타일이 다른 여러 종류의 무술이 존재했고, 무인들은 서로 질시하여 《무인 곽원갑》에서처럼 최고의 자리를 두고 다투곤 했다. 그러나 곽원갑은 무인들이 시기를 버리고 단합해야 한다고 주장했다. 그의 무인에 대한 철학은 단호했다. 누군가를 죽이거나 때려서가 아니라, 자신을 다스리고 스스로를 개발해야 진정한 일인자가 될 수 있다는 것이다. 그는 마흔두 살 이른 나이에 생을 마감했기에 자신의 철학을 펼칠 기회를 갖지 못했다. 그러나 그가 세운 무술학교는 지금 50개국에 퍼져 있고 학생 수도 50여만 명에 달하여 그의 뜻을 기리고 있다.

영화 《무인 곽원갑》

영화는 강자였던 곽원갑이 인생의 정점에서 크게 실패하고, 다시 거듭나 고수로 성장하는 일대기를 다룬다. 무술가 집안에서 태어난 어린 원갑은 어릴 적부터 무술에 대한 뜨거운 관심을 보인다. 영화 시작은 소년 곽원갑(이연걸)이 아버지 곽사부에게 차를 준비하여 드리며, 무술 배우기를 청하는 것으로 시작한다. 그러나 그의 아버지는 허락하지 않는다. 곽은제의 둘째 아들인 곽원갑은 어린 시절부터 몸이 몹시 약했기 때문에 이를 걱정한 가족들은 곽원갑이 무술을 배우지 못하게 하였다.

자신에게 무술보다는 학업을 강요하고, 결투에서는 상대에게 마지막 살수를 사용하지 않고 온정을 베푸는 곽사부를 당시의 어린 곽원갑은 이해하지 못한다. 승리를 목전에 두고 상대에게 기회를 주거나 지는 것을 도무지 이해할 수 없었다.

곽원갑은 무술을 배우고자 하는 열정이 워낙 강했기 때문에 남몰래 미종권을 습득한다. 타고난 재능으로 곽원갑의 실력은 상당했다. 중국의 타련합일(打練合一: 무술의 기술을 연마하기 위해 습득한 훈련이 실제 겨루기에 사용된다)에서 전통무술은 스승을 통해 배운 것이 가장 중요하다는 개념이 있다. 그러나 곽원갑은 스승 없이 혼자 미종권을 습득하여 뛰어난 무술 실력을 보여주었다. 그 이후로 곽원갑은 곽은제에게 미종권을 전수받게 되었다.

그의 집에는 수많은 생사장이 걸려 있다. 생사장이란 무술 대련

영화《무인 곽원갑》中 결투 장면

영화《무인 곽원갑》中 결투 중간에 마시는 차

후 승자에게 주어지는 상징적인 물건이었다. 청년으로 자란 곽원
갑은 톈진의 최고수가 되기 위해 목숨을 걸고 결투를 벌였고 생사
장을 하나하나 수집해 나갔다. 거리의 수많은 인파 앞에서 거침없
는 승부와 승리를 통한 쾌감은 일종의 중독이었다. 이때 난장 같은
결투 장소와 그의 타오르는 결투에 대한 집착은 어쩐지 우리가 익
히 알고 있는 '차'라는 정적인 이미지와는 어울리지 않지만, 결투의
중간마다 곽원갑은 차를 우려 마시는 다구인 개완蓋椀을 손에 들고
차를 마신다.

　정서적으로 결투의 자리가 찻자리로 어울리지 않을지라도 차
의 여러 가지 기능적인 면을 생각해 본다면 가능한 일이다. 육우의
『다경茶經』「일지원一之原」에 '만약 열이 나고 갈증이 나고 번민이
있거나, 머리가 아프거나 눈이 깔깔하거나, 사지가 번거롭거나 뼈
마디가 편치 않거나 할 때 네댓 모금만 마셔도 제호나 감로와 어깨
를 겨룰 만하다'*라고 하여 차의 약성에 대해서 기록하고 있다. 우

---

* 　"若熱渴, 凝悶, 腦痛, 目澁, 四肢煩, 百節不舒, 聊四五啜, 與醍醐, 甘露抗衡也."

영화《무인 곽원갑》中 시합장에 마련된 차와 차과자

리나라 문헌인 허준의 『동의보감東醫寶鑑』에는 차에 대해 '성질은
약간 차며, 맛은 달고 쓰며 독이 없다. 기를 내리고 오랜 식채를 삭
이며, 머리와 눈을 맑게 하고, 소변을 잘 나가게 한다. 소갈증을 낫
게 하고, 잠을 덜 자게 한다. 또한 굽거나 볶은 음식을 먹고 생긴 독
을 푼다'고 기록되어 있다.

심하게 갈증이 날 때, 몸의 컨
디션이 좋지 않을 때 차를 마시
면 빠르게 회복된다는 것은 차
를 즐겨 마시는 이들이라면 잘
알고 있을 것이다. 지금이야 체
력 소모가 심한 운동선수들이
이온음료로 갈증을 해소하지만
그 당시 격한 결투를 한 곽원갑
이 차로 이온음료 이상의 효과
를 보고자 한 것은 어쩌면 당연
한 일이라고 하겠다.

영화《무인 곽원갑》中 시합 중간에 개완의 차
를 마신다.

차를 마시는 장면은 영화 마지막 즈음의 세계 선수들과의 시합에서도 등장한다. 선수들 사이사이에 마련되어 있는 청화백자의 다구들과 차과자가 인상적이다. 지금의 정서에서는 어색하지만 그만큼 차를 마시는 문화가 일상적이라고 볼 수 있다.

역경의 시간, 차로 치유하기

어머니와 딸과 함께 살고 있는 곽원갑의 삶은 늘상 결투였다. 백전무패의 최고수로 성장을 하지만 그의 목적은 승리를 위하거나 때로는 복수를 목적으로 하였다. 가족은 뒷전이고, 그를 영웅시하는 아무나 제자로 받게 되고, 그 결과 오합지졸의 규모만 큰 패거리가 되어 버린다. 이를 걱정하여 그의 죽마고우가 진심어린 충고를 전하지만 기세등등한 곽원갑에게는 아무 소리도 들리지 않는다. 선별 없이 제자를 받게 되니 결국 이로 인해 무모한 사건에 휘말리게 되는데, 이로 인해 곽원갑은 인생이 나락으로 떨어지게 된다. 어느 날 제자 한 명이 진사부란 자에게 맞고 오는 사건이 벌어지고, 곽원갑은 무리해서 그와 결투를 벌이다 진사부가 의식불명 이후 사망에 이르게 된다. 승리한 곽원갑은 늦은 시간까지 자축을 하며 집으로 돌아오니 어머니와 딸아이는 누군가에게 살해되어 있었다. 복수는 또 죄 없는 이의 복수를 낳은 것이다. 범인은 진사부의 제자였고 그는 스스로 목숨을 끊어버렸다. 그의 집으로 찾아간 곽원갑은 차마 자신의 딸과 같은 또래의 아이를 죽이지는 못하며 뒤돌아서는데, 사건의 발단은 그의 제자가 진사부에게 잘못을 해서 시작되

영화《무인 곽원갑》中 결투 후 연회

었다는 것을 그제야 알게 된다.

곽원갑은 자신의 경솔함에 큰 괴로움을 느끼고 모든 것을 자포
자기하게 된다. 그리고 수년 동안 정처 없이 떠돌며 폐인같이 살다
남부의 한 시골 마을에 도착하게 된다. 가족을 모두 잃고, 자신에
대한 실망감으로 가득 차 삶의 벼랑까지 다다랐던 그에게 새로운
시간이 시작되었다. 새로운 곳은 산간의 오지 마을이었다. 속세와
는 아무런 상관없는, 오직 자연을 중심으로 자연의 순리대로 살아
가는 순박한 사람들이 생활하는 곳이었다.

곽원갑도 그들과 함께 점차 자연과 하나가 되어 갔다. 자연 속에
서 삶의 새로운 의미를 하나둘 깨닫게 된다. 차나무 앞에서 자연을
이야기하는 모습이 인상적이고, 무쇠탕관에 거친 차를 끓여 마시
는 모습이 이전과는 사뭇 다르다. 이전의 차를 마시는 이유가 결투
에 도움이 되고 신체적인 활동을 원활하게 하기 위함이었다면, 이
제는 정신적인 치유와 자연을 닮아가고 하나되는 데에 차 마시는
이유가 있었다. 나를 돌아보는 시간을 갖고, 심신의 균형을 찾아가
는 방편으로의 차생활이 담겨 있다고 볼 수 있다. 그런 면에서 청년

영화《무인 곽원갑》中 주전자에 끓인 차를 마시다.

기의 차와 역경의 시간을 이겨내는 사이의 차는 그에게 있어 좀 다른 의미를 갖는다. 인생의 쓴맛을 보고 성장하는 과정에서 차는 치유와 힐링, 그리고 앞으로 나아갈 방향을 제시하는 데 도움을 준다. 곽원갑은 산속 생활에 안주하지 않고 다음을 기약하게 된다. 세상 속으로 다시 나아가 사죄하고, 사회에 도움이 되고 향기로운 인간이 되기 위해 다음 도약을 하게 된다.

차를 통해 벗을 만나다

마지막 대결을 앞두고 일본 무도가 안노 다나카와 곽원갑은 연꽃이 피어나는 야외 정자에서 차를 함께 나눈다. 안노 다나카는 마지막 장면에서 곽원갑을 죽음에 이르게 하는 장본인이기도 하지만 그는 이 찻자리를 통해 이미 곽원갑에 대한 존경심을 가지게 된다. 그렇기 때문에 시합의 최종적인 승리를 곽원갑에게 돌린 것이고, 이 장면은 하나의 복선이라고 할 수 있을 것이다. 다나카와 곽원갑이 차를 마시는 이 장면은 이 영화에서 객석에 보내고 싶은 가장 중요한 메시지가 담겨 있다. 차에 대해서 전문가 수준에 올라 있는 다나카가 곽원갑에게 차에 대해서 묻는다. 그들의 대화를 보자.

영화《무인 곽원갑》 中 다나카가
곽원갑에게 차를 내어주는 장면

다나카: 차를 잘 아십니까?

곽원갑: 잘 알지 못하는 것은 아니지만, 그다지 알려고 하지 않습
니다. 차 등급을 따지고 싶지 않아서요, 차는 차일 뿐입
니다.

다나카: 차라는 것이 저마다 특성이 다르니 등급을 매길 수밖에요.

곽원갑: 뭐가 고급이고 뭐가 저급이겠습니까? 모든 차는 자연 속
에 함께 자라니 차이가 없습니다.

다나카: 차에 대해서 잘 알게 된다면 선생도 자연스레 고급과 저급
을 따지실 겁니다.

곽원갑: 그렇겠지요. 하지만 자고로 차는 스스로 등급을 결정하지
않습니다. 사람이 정하고 그에 따른 선택을 하는 것이죠.
전 그것을 원치 않을 뿐입니다.

다나카: 왜 그렇습니까?

곽원갑: 마음이 편안할 때는 어떤 종류에 차를 마시든 상관이 없기
때문이지요.

다나카: 독특한 견해시군요, 그럼 선생은 수많은 문파가 무술 실력

의 차이 없이 같다고 생각하십니까?

곽원갑: 그렇습니다.

다나카: 선생 말씀처럼 실력 차이가 없다면 왜 무도인은 끊임없이 대결을 하는 걸까요?

곽원갑: 전 무술이 같다고 생각합니다. 강하고 약함에 정도 차이일 뿐 무인은 대결을 통해 자기 자신을 발견하지요. 우리의 가장 큰 적은 우리 자신입니다.

다나카: 대련을 통해 진정한 자신을 찾는다? 우리 삶에서 자기 자신을 이기는 것이 가장 중요하다? 선생님의 말씀이 절 탄복시키는군요. 차를 통해 벗을 만났습니다. 이제 차드시죠.

곽원갑: 차드세요.

안노 다나카와 곽원갑은 무인이자 차인이라는 공통점을 가지고 있다. 다나카는 형식을 중심으로 하는 일본 다도 안에서 세세하게 등급과 종류, 규칙이 다르다고 이야기하고 있고, 곽원갑은 자연 안에서 차는 모두 하나일 뿐이고 결국 차의 길도 무인의 길도 나를 찾아가는 길이요, 나의 적도 나이고, 고정관념을 만든 것도 인간의 일이라는 뜻이다. 안노 다나카는 곽원갑의 그 뜻을 금세 알아차리고 수긍한다. 그리고 차를 함께하며 벗이 되었다고 이야기한다. 곽원갑이 무도와 다도는 물론 인생의 경지가 어느 수준에 이르렀다는 것을 알 수 있는 장면이다.

영화《무인 곽원갑》中 세기의 대결

죽음도 두렵지 않은 피날레

7년 만에 톈진으로 돌아오지만 도장은 문을 닫았고 거리에는 외국인들이 가득하다. 집으로 돌아온 곽원갑은 곧바로 생사장을 불태워 버린다. 영광스럽게 생각했던 승리의 증표들은 더 이상 아무 의미가 없는 것이며, 그간의 깨달음을 실천하기 위함이다. 한편 외국인들은 중국인들의 기를 꺾기 위해 무도대회를 개최한다. 서양에서는 중국인들을 무시하고 있었고, 그는 중국인의 자존심을 위해 서양인과의 대결에 나가기로 결심하게 된다. 중국 대표로 나선 곽원갑은 연일 승승장구하며 정무체조회를 창설한다. 서양 세력들과의 대결에서 정의롭게 승리하는 곽원갑에 중국인들은 열광하지만, 대결에서 크게 내기를 건 사람들에게 그는 눈엣가시 같은 존재였다. 일본인 미타는 이러한 곽원갑을 해치기 위해 네 명의 무술인과 곽원갑이 대결을 벌이도록 계략을 꾸민다. 이 조건을 허락한 곽원갑은 비극적인 운명을 맞이하게 된다.

각국의 무술 대표들과 곽원갑은 불합리한 조건으로 싸우게 되고, 그럼에도 불구하고 곽원갑은 초반 유럽의 3인과의 결투에서 이긴다. 하지만 마지막 일본인과의 결투에서는 심상치 않은 상황이 전개된다. 누군가 곽원갑의 찻잔을 몰래 바꿔치기 하고, 이후 그의 정신이 아련해지면서 피를 토하게 된다. 독을 탄 것이다. 이에 제자가 본인이 복수하겠다고 말하지만, 곽원갑은 복수는 절대 안 된다고 말리며, 자신의 인생을 되뇌듯 복수는 복수를 낳을 뿐이라는 말을 남긴다. 무술의 진정한 의미와 목적을 이제야 알겠노라며, 독이 온몸에 퍼지고 피를 토한 상태지만 죽음을 예상하면서도 경기를 끝까지 마치며 영화도 끝이 난다.

역경의 시간을 통해 거듭나는 이야기

중국의 곽원갑이 역경의 시간을 잘 보낸 차인이자 무인武人이라면, 우리나라에서 역경의 시간을 잘 보낸 차인이자 문인文人으로 추사 김정희를 뽑을 수 있다. 19세기 조선 최고의 인물로 꼽히는 김정희(秋史 金正喜, 1786~1856)는 시·서·화는 물론 금석학 연구에서도 타의 추종을 불허하는 업적을 남겼으며, 전각篆刻 또한 최고의 기술을 가져 천재 예술가, 학자로 평가받고 있다. 원조 한류 아이돌이라 불러도 좋을 만큼 국내뿐 아니라 중국에서도 그의 인지도는 대단했다. 그가 제주와 북청 유배로 긴 세월을 갇혀 지내지 않았더라면 더 넓은 세상을 탐험하며 더 많은 분야의 최고봉이 되었을 것이다.

그가 남긴 뛰어나고 아름다운 작품들이 많지만 손꼽히는 명작 중에 하나는 〈불이선란도不二禪蘭圖〉이다. 한 화폭 안에 그림과 함께 있는 '화제시畫題詩'로 금방이라도 학이 되어 날아갈 듯한 우아한 난초, 글의 배합 그리고 간간히 찍혀 있는 인장들이 서로 묘하게 잘 어울린다. 그림과 글의 농담이의 대비되면서 세련미가 부각된다. 붉은 인장들은 청순한 난초에 고혹미를 더한다. 대부분 추사의 인장이고, 나머지는 작품의 주인이 바뀔 때마다 찍힌 소장자의 인장이다.

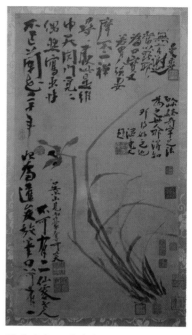

불이선란도, 김정희

인장에는 이름을 새긴 성명인姓名印, 호를 새긴 자호인字號印, 다른 호를 새긴 별호인別號印, 자신의 서적·서화에 찍는 수장인收藏印, 감식을 나타낸 심정인審定印, 유명한 시문 구절을 새긴 명구인名句印 등의 종류가 있는데, 책과 그림에 찍는 추사의 인장은 무려 180개나 된다. 그만큼 추사가 사용했던 이름들은 폭넓고 다양했다. 우리는 대부분 김정희=추사秋史로 인식하고 있지만, 그는 완당阮堂이기도, 예당禮堂이기도 하였다. 시암詩庵·과파果坡·노과老果·노격老髂·담연재覃研齋·승련노인勝蓮老人 등 그가 사용한 호가 확인된 것만 540여 종에 이른다. 1809년 스물네 살의 김정희가 아버지를 따라 청나라에 갔을 당시, 그곳 사람들과 글로 주고받은 대화인 필담筆談 원문의 내용을 살펴보면, 김정희 자신을 소개할 때 이름(名)은 정희, 자字는 추사, 호號는 보담재라고 하였다. 그동안 우리가 불러왔던 추사라

추사 중국 연행의 필담

는 호는 자였고, 호는 그때마다 달리하여 사용했던 것으로 보인다.
자字였던 추사로 많이 불려왔기에 우리는 당연히 호라고 생각하면
서 지내온 것이다.

김정희와 이상적

추사가 유배의 처지가 되자 주변 사람들은 하나둘 그를 멀리하거
나 떠났다. 그러나 이상적李尙迪은 끝까지 스승인 추사를 섬겼다.
1843년 제주도에 유배되어 있던 스승 추사에게 북경에서 구한『만
학집晚學集』8권과『대운산방문고大雲山房文藁』6권 2책을 보내주었
다. 1844년 중국을 다녀와『황청경세문편皇淸經世文編』120권을 보
내주자, 추사가 이에 감격하여 저 유명한 〈세한도歲寒圖〉를 그려 준
다. 책이 귀한 시절, 권세가와 재력가들에게 갖다 주면 부귀영화에
도움이 되었을 것인데, 바다 건너 외딴섬에서 초췌하게 귀양살이
하고 있는 자신에게 보내준 것에 대해, 추사는 진심으로 고맙다는
마음을 〈세한도〉에 담아 전하게 된다.

한편 〈세한도〉를 펼친 이상적은 무척 고무되었다. 그토록 존경하는 스승으로부터 전해온 편지글을 보니 심장이 빠르게 두근거린다. 오직 자신을 위해 써내려간 글자 하나하나에 마음이 뭉클해진다. 혼자 보기 아깝다. 하루라도 빨리 중국으로 가지고 건너가 '지인들에게 보여주면 얼마나 부러워할까. 혼자서만 이 감동을 느낄 수 없지', 이상적은 그렇게 기쁜 마음으로 솟아오르듯 중국으로 가게 된다.

이상적은 역관이었다. 1829년부터 죽기 전 해인 1864년까지 열두 번이나 중국

세한도 국립중앙 박물관 전시

을 다녀왔다. 한양에서 연경까지 3,000여 리에 달하는 긴 여정은 한 번 길을 떠나면 반년은 족히 걸리는 길이었다. 오가는 길은 험했고, 길 위의 노숙은 흔했다. 그런 날에는 불 지펴 차 끓여 마시는 일이 유일한 위로였다. 그날의 여정과 속마음은 그가 저술한 문집 『은송당집』에 고스란히 남아 있다.

〈금석산 해가 저물 무렵에 내리는 눈(金石山暮雪)〉
압록강 어귀에 눈이 내리니 흩날려 먼 여행길 전송한다네.
본디 마음 천 리나 떨어져 있어 흰 머리털 하루아침 생겨나누나.
나그네 옷 무거움을 점점 깨닫자 가야 할 길 분명함이 외려 슬프다.
오늘밤 들판에서 잠을 자면서 차 끓여 마심만 다만 좋아라.

이상적의 초상과
『은송당집』

오가는 여정은 고되지만 차를 즐기는 차인으로서는 운이 참 좋았다. 조선에서는 경험하지 못하는 중국의 명차名茶를 두루 맛보았기 때문이다. 그의 저술 속에는 다양한 차 이름이 등장한다. 녹차를 비롯하여 승설勝雪, 백산차白山茶, 죽로차竹露茶, 무이차武夷茶, 강남어차江南御茶, 부사산차富士山茶, 송차淞茶, 녹설아綠雪芽, 소용단小龍團, 두강차頭綱茶 등 귀하다는 차들을 섭렵했다.

가장 좋은 차와 책을 먼저 선점하는 것은 당시 선비들에게 있어 커다란 로망이었다. 지금의 얼리어답터(early adopter)가 신제품에 재빠르게 반응한다지만, 당시 금방 필사된 책과 차를 선점하는 파워와는 비교할 수 없을 것이다. 보통 그 귀한 것들은 자신을 출셋길로 인도해줄 누군가에게 바치거나 아니면 정말 귀한 인연에게 선물로 전해진다. 이상적은 누구에게 주었을까? 제주 유배 중인 스승 김정희에게 전했다. 누구도 거들떠보지 않던 변방의 추사에게.

그 내용은 〈세한도歲寒圖〉 발문跋文에 자세히 적혀 있다.

세상의 도도한 풍조는 오로지 권세가와 재력가만을 붙좇는 것이다. 이들 책을 구하려고 이와 같이 마음을 쓰고 힘을 소비하였는데, 이것을 권세가와 재력가들에게 갖다 주지 않고 도리어 바다 건너 외딴섬에서 초췌하게 귀양살이 하고 있는 나에게 마치 세인들이 권세가와 재력가에게 붙좇듯이 안겨주었다. 사마천司馬遷이 "권세나 이익 때문에 사귄 경우에는 권세나 이익이 바닥나면 그 교제가 멀어지는 법이다" 하였다. 그대 역시 세속의 거센 풍조 속에서 살아가는 한 인간이다. 그런데 어찌 그대는 권세가와 재력가를 붙좇는 세속의 도도한 풍조로부터 초연히 벗어나, 권세나 재력을 잣대로 삼아 나를 대하지 않는단 말인가? 사마천의 말이 틀렸는가? (하략)

이상적은 〈세한도〉를 북경에 가지고 가서 청나라의 문사 16명의 제찬題贊을 받아온다. 천하명작 국보 〈세한도〉는 이렇게 해서 우리에게 전해 내려오게 된 것이다.

이상적은 통역에 종사하던 종9품從九品의 실용직 공무원이었다. 말했다시피, 그는 열두 번이나 중국에 다녀왔는데, 그러면서 청의 유명한 문인들과 교유하여 금석문金石文과 서화·골동에도 조예가 깊었다. 그의 명성은 청에서 먼저 알려졌고, 그의 문집 『은송당집恩誦堂集』은 1848년 청에서 간행되었다. 역관이라는 낮은 직분으로 조선에서는 불가능한 일이었지만 청에서는 그의 재능을 높이 평가했다. 이상적의 차에 대한 사랑은 스승 추사에 못지않았다. 그는 700여 편의 시와 37편의 문장을 남겼는데, 그중 차에 관한 시문이 40여 편이 넘는다.

김정희의 차茶의 이름

그는 차향이 좋은 날엔 차의 이름을 쓰기도 하였다. 다로茶老, 고정실주인古鼎室主人, 고다노인苦茶老人, 일로향실一爐香室, 승설도인勝雪道人 등 그의 차생활을 짐작할 수 있는 차의 별칭을 사용하였다. 그중 다호茶號인 승설勝雪은 '용봉단차龍團團茶'의 최고를 이른다. 작고 단단하고 문양이 섬세한 차다. 가루 내어 기품 있게 마시는 최고급 차였다. 승설은 그가 24세에 북경에서 경험했던 최고의 차맛인 승설차를 잊지 못해 지은 호다. 용봉단차 중에 북송 휘종 때 만들어진 것이 용원승설이다. 용봉단차는 중국 송대 황제의 차였으므로 황제의 다원 북원에서 만들어져 황제에게 진상된다. 황제는 이 차를 신하들과 귀족들에게 하사했으며, 외교적인 하사품으로 사용했다. 송의 황제들은 고려에 용봉단차를 보냈다. 차에 있어서 운이 좋았던 추사는 중국에서 처음 그 맛을 보았고, 후에 조선에서 이 차를 다시 만나는 행운을 갖게 된다.

과천 과지초당

82

흥선대원군 이하응이 충청도 덕산현으로 못자리를 보러 갔다가 가야사의 5층 석탑에서 고려 때 불상과 불경, 사리와 침향, 진주 그리고 용단승설(후에 용원승설을 용단승설과 혼용하여 부름) 네 덩어리를 발견한다. 사방 2.35cm, 두께 1.2cm 내외 크기의 떡차였다. 그중 한 덩이를 이상적이 얻는다. 이상적이 누구인가? 바로 추사에게서 〈세한도〉를 선물 받은 장본인이다. 그가 존경하여 모시던 스승 추사는 자신의 호를 승설이라고 할 만큼 승설차를 그리워했고,

추사 김정희의 묘

우연히 그 차를 제자 이상적이 소유하게 된 것이다. 이후 이상적이 소장하고 있던 그 귀한 차를 추사에게 선물했다는 직접적인 정황은 남아 있지 않으나, 어인 일인지 추사는 그의 가장 친한 차의 벗인 초의선사에게 "송나라 때 만든 소룡단(宋製小龍團)을 얻었다"는 서신을 남겨 좋은 차를 함께 나누고자 하였다. 1852년 12월의 일이니 함경도 북청 유배 생활을 마치고 어느덧 그도 예순여섯, 당시로는 노장의 나이였다. 평생을 그리워했던 승설차를 다시 만난 그의 마음은 어떠했을까?

이상적과 김정희의 사제의 연은 애틋하고 돈독하다. 이제 그들은 없지만 〈세한도〉는 이야기와 함께 여전히 그 자리에 남아 있다. 그 당시 〈세한도〉의 사연에 감탄하며 청나라의 문인과 학자 16명은 꼬리에 꼬리를 무는 감상평을 붙였고, 한국 문사 네 명까지 더

차 한 잔의 즐거움

해 15m에 육박하는 장편의 드라마가 되었다. 미술품 소장가 손창근 선생의 〈세한도歲寒圖〉 사회 기증으로 '국보 제180호 〈세한도〉'는 그 누구의 것이 아닌 우리 모두의 것이 되었다. 비록 추사 선생은 유배라는 역경으로 힘들고 고된 시간을 보냈겠지만 그 안에서 이루어낸 글과 그림의 향기, 차의 향기, 사람의 향기는 지금까지 남아 면면히 흐르고 있는 것이다.

참고문헌

이상적, 『은송당집恩誦堂集』, 한국고전종합DB.

김세리, 조미라, 『차의 시간을 걷다』, 열린세상, 2021.

정민, 『새로 쓰는 조선의 차문화』, 김영사, 2011.

ZHOU WEINAN, 조성균, 「중국무술 미종권迷宗拳 무술가 곽원갑霍元甲에 관한 연구」, 한국무예학회, 무예연구, 2021.

杨祥全, 吕广臣, 「精武元祖」霍元甲考略, 搏击: 武术科学. 2008.

한 잔 의

차 가

바꾼 승패

영화《적벽대전》

· 김경미 ·

성균관대학교 유학과에서 유학을 전공하였으며, 동대학교 생활과학대학원 예절다도 석사를 거쳐 유학대학원에서 철학박사학위를 취득하였다. 현재 성균관대학교 강사, 한국지역사회교육협의회 수석강사, 성남인문교육원 원장으로 차문화, 다도, 인문예절 등을 강의하고 있다. 연구논문으로『자녀인성함양을 위한 부모교육프로그램연구』와『부모교육의 유학적 적용-〈태교신기〉를 중심으로』,『유학의 태교에 관한 연구-〈태교신기〉를 중심으로』가 있으며, 저서로『역서 태교신기』,『모태미인, 태교의 비밀』,『영화, 차를 말하다』(공저)가 있다. 차를 통해 사람의 문양을 그리는 차 인문학 연구를 지속하고 있다.

올 여름,
역사 속 가장 위대한
전쟁이 부활한다!

적벽대전
거대한 전쟁의 시작

〈페이스오프〉〈미션임파서블2〉 오우삼 감독 작품   양조위 금성무 장첸 린즈링

2008년 7월 대개봉   www.redcliff.co.kr

적벽대전
감독 오우삼, 주연 양조위, 금성무 외
중국, 2008

『삼국지』, 영원한 고전

100년 이상의 오랜 시간이 지나도 가치를 인정받는 것, 그것을 우리는 '고전'이라 부른다. 고전은 무조건 오래된 것을 말하는 것이 아니라, 시대가 지나도 사람들에게 영향력을 미치고 영감을 주는 것들을 말한다. 보통 고전이라 하면 서적을 말하는 경우가 많지만, 그 외에도 음악, 소설, 영화, 오페라 등을 포괄한다.

　오랜 시간이 지났지만 오늘날에도 여전히 많은 사람들에게 사랑받는 고전 중 하나가 바로 『삼국지』이다. 『삼국지』에 등장하는 삼국시대는 위, 촉, 오의 세 나라가 중국을 삼분하여 천하를 다투던 시대로, 본래 『삼국지』는 후한 말 황건적의 난부터 삼국이 통일되기까지 약 100년의 역사를 기록한 역사서이다. 진수陳壽가 실제 역사를 바탕으로 사실적 이야기를 기술한 역사서 『삼국지』는 상당히 무미건조하게 기술되어 있다. 그러나 세 나라 영웅호걸들의 다양한 이야기(야사)들은 이야기꾼들과 사람들의 입에서 입으로 회자되었고, 429년 남송의 역사가 배송지는 그간의 방대한 야사를 추려 『삼국지 주석서』를 편찬하였다. 이로써 기존의 『삼국지』에서 볼 수 없었던 등장인물의 캐릭터화가 진행된다. 그러다가 원말 명초인 14세기에 극적인 스토리가 추가된 나관중의 『소설 삼국지연의』

가 탄생하였다. 우리가 오늘날까지도 흥미를 가지고 보고 있는『삼국지』는 진수의 정사『삼국지』가 아니라 나관중의『소설 삼국지연의』다.

『삼국지』속 난세의 영웅들은 누구인가? 위나라의 조조, 촉나라의 유비와 관우, 장비, 제갈량, 오나라의 손권, 주유 등을 꼽을 수 있다. 한국인들에게『삼국지』에 등장하는 인물 중 누구를 가장 좋아하는지 물으면 많은 사람들이 유비와 제갈량을 꼽는다. 우리나라는 오랫동안 문인文人들이 지배하는 나라였기 때문에 인과 덕을 갖춘 유비, 지략과 지혜를 갖춘 제갈량이 인기가 있는 듯하다.

『삼국지』의 내용을 토대로 한 도원결의桃園結義, 삼고초려三顧草廬, 출사표出師表 등의 용어는 오늘날에도 많이 인용되고 있다. 도원결의는 뜻이 맞는 사람끼리 어떤 목적을 이루기 위해 행동을 같이할 것을 약속한다는 뜻으로 유비, 관우, 장비가 복숭아밭에서 의형제를 맺고 천하를 위해 일하기로 맹세한 것에서 생겨난 사자성어이다. 삼고초려는 유비가 제갈량을 군사로 초빙하기 위해 세 번이나 찾아간 것에서 생겨난 말로, 오늘날에도 머리 숙여 널리 인재를 구할 때 사용되는 말이다. 출사표는 정치권에서 많이 인용하고 있는 말로, 신하가 적을 정벌하러 떠나기 전에 황제나 왕에게 올리던 표문이다. 촉의 승상 제갈량이 출병하면서 후왕에게 적어 올린 글이 유명하다. 제갈량의 출사표를 보고 울지 않은 이가 없었다고 할 정도로 빼어난 문장과 나라에 대한 애국심, 그리고 그 당시 죽은 선제 유비에 대한 충성심이 담겨 있는 글로 오늘날까지 크게 칭송받고 있다.

이렇게 『삼국지』는 오늘날에도 많은 사람들이 사랑하는 고전이며, 『삼국지』를 읽지 않은 사람이라 할지라도 사자성어 한 번쯤은 들어 봤을 정도로 우리에게는 아주 익숙한 이야기이다.

영화 《적벽대전》

영화 《적벽대전》은 『삼국지』에 등장하는 난세 영웅들이 벌이는 적벽에서의 전쟁 이야기를 다룬 영화로, 《적벽대전-거대한 전쟁의 시작》과 《적벽대전2-최후의 결전》 두 편으로 제작되었다. 《적벽대전-거대한 전쟁의 시작》에서는 위나라 조조에 맞서기 위한 유비와 손권의 동맹 과정을, 《적벽대전2-최후의 결전》에서는 위나라 조조와 촉·오 동맹군의 적벽에서의 결전을 다루고 있다. 특히 《적벽대전 2-최후의 결전》에서는 적벽대전의 모습을 거대한 스케일로 담고 있어 보는 사람으로 하여금 생생한 현장감을 느끼게 한다.

영화 《적벽대전》 포스터

적벽에서의 결전을 다루고 있는 《적벽대전 2-최후의 결전》은 승리를 위해 조조에게 맞서는 동맹군의 다양한 전술을 에피소드 형식으로 진행하는데, 그 전개가 극적이다. 적벽대전을 승리로 이끌 수 있었던 전술은 크게 5

가지로 요약할 수 있는데, 첫째는 심리전, 둘째는 지략, 셋째는 화공, 넷째는 바람, 그리고 다섯째는 바로 차茶이다.

전쟁에서 심리전은 무엇보다 중요한 공격전술이다. 심리전으로 전쟁을 승리로 이끈 예는 한나라 고조 유방과 관련된 사자성어 사면초가四面楚歌를 꼽을 수 있다. 초나라 항우와 한나라 유방의 싸움은 해하전투를 기점으로 유방에게 기울었다. 해하에서 포위당한 항우와 그의 군사들은 어느 날 밤 초나라의 노래가 사방에서 구슬프게 울려 퍼지자 그리운 고향의 노랫소리에 마음이 약해져 싸울 의욕을 잃고 눈물을 흘리며 앞다투어 도망쳤다. 이처럼 상대의 마음을 흔들고 이용해 훔치는 심리전은 전투에서 상대를 무너뜨리는 일등 공신이다. 영화《적벽대전》에서도 동맹군은 남을 잘 믿지 못하는 조조의 의심을 이용한 심리전으로 상대 진영을 흔든다.

제갈량은 공격 전술에 지략을 더하는 인물이다. 그는 부족한 화살을 구하기 위해 안개 낀 바다에 수십 척의 배를 띄우고 배 안을 사람 모양의 짚으로 채운다. 안개 때문에 적의 동태를 완벽하게 살피지 못한 위나라 군사는 진격의 북소리에 화살을 쏘아올리고 그 화살은 제갈량의 지략대로 짚에 꽂힌다. 제갈량은 결국 10만 개의 화살을 싣고 의기양양하게 돌아온다.

촉과 오의 동맹군은 겨우 5만, 조조의 80만 대군을 대적하기에는 현격한 차이가 난다. 80만 대군을 이기려면 한 번에 많은 살상이 이루어져야 가능하다. 그것을 가능하게 하는 것은 불, 상대의 진영으로 불타는 배를 진격시켜 적군의 배를 불타게 만들어 그들을 무력화시키는 것이다. 그런데 불을 이용하려면 한 가지 꼭 필요한 것이 있다. 그것은 바로 바람이다. 적벽대전이 벌어진 때는 북서풍이 부는 시기로, 그대로 바람이 분다면 촉, 오 동맹군 쪽으로 바람이 몰려오는 형국이라 불을 사용하기 어렵다. 바로 그때 제갈량은 하늘의 움직임을 보고 바람의 방향이 동남풍으로 바뀔 것이라 예언한다. 바람이 동남풍으로 바뀔 때까지 조조의 공격을 조금만 늦출 수 있다면 불을 이용해 위나라 군사를 칠 수 있다. 바람이 동남풍으로 바뀔 때까지 조조의 공격을 늦출 수 있는 방법은 있는 것인가?

조조는 오래전부터 주유의 아내 소교를 짝사랑해 왔다. 적벽대전을 일으킨 이유 중 하나도 소교를 자신의 것으로 취하기 위함이었을 것이다. 조조의 속내를 알고 있는 소교는 혼자 조조 진영으로 향한다. 그리고 바람의 방향이 바뀔 때까지 한잔의 차로 조조를 지체시킨다. 적벽대전을 승리로 이끌 수 있었던 것은 심리전, 지략, 화공, 바람 등 여러 가지 요인이 있었겠지만, 그 모두를 가능하게 했던 것은 결국 소교의 한잔의 차였다.

영화《적벽대전》에서는 중요 순간마다 이야기를 이끌어가는 매개체가 있다. 그것은 바로 차이다. 다양한 매개체를 활용할 수 있었을 테지만 감독은 유독 차를 적벽대전의 이야기를 이끌어가는 매개체로 선택하였다. 촉과 오나라가 동맹을 맺을 때도 한잔의 차가 있었고, 적벽대전의 승패를 바꿀 때도 한잔의 차가 있었다. 이제 《적벽대전》에 등장하는 다양한 차를 만나보자.

이야기를 이끌어가는 매개체, 차茶

• 동지同志의 차

제갈량은 주유를 찾아가 촉, 오 동맹을 권유한다. 제갈량의 설득에도 주유는 선뜻 확답하지 않고 제갈량과 함께 금琴 연주를 시작한다. 즉석에서 이루어진 주고받는 연주의 선율은 때론 고요하고 때론 격렬하기까지 하다.

후한시대에 채옹蔡邕이라는 사람이 있었는데, 이웃 사람이 술과 음식을 마련하고 초대하였다. 초대 자리에 도착한 채옹은 병풍 사이에서 거문고를 타고 있는 한 사람을 보았다. 그런데 그 거문고 소리를 들으니 살기殺氣가 느껴졌다. 그래서 그에게 다가가 아름다운 거문고 소리에서 살기가 느껴지는 이유를 물었다. 거문고를 타던 사람이 대답하기를 "제가 거문고를 타고 있는데 사마귀가 나뭇가지 위에 있는 매미를 잡으려고 다가가는 것을 보았습니다. 사마귀와 매미는 서로 일진일퇴를 거듭하였는데 저도 모르게 사마귀가 매미를 놓칠까 두려워하는 마음이 들었습니다." 채옹은 거문고 타

영화《적벽대전》中 제갈량과 주유가 금琴을 연주하며 상대의 마음을 확인하는 모습

는 사람이 느낀 '사마귀가 매미를 놓칠까 두려워하는 마음(살기)'을 그의 거문고 소리에서 느꼈던 것이다.

　제갈량과 주유는 즉석 금 연주를 통해 자신들의 마음을 음악에 담았다. 후한시대 채옹이 소리를 통해 살기를 느꼈던 것처럼 둘은 연주를 통해 상대의 마음을 알게 된다. 금 연주를 통해 서로의 마음을 확인하고 동맹을 확신한 둘은 함께 한잔의 차를 마신다. 한잔의 차로 둘은 뜻을 함께하는 동지同志가 되었다.

・탐욕貪慾의 차

조조는 소교를 아주 어린 시절부터 짝사랑해 왔다. 그녀가 주유의 아내가 된 이후에도 그는 소교를 향한 연모를 그치지 않았다. 조조의 막사에는 그가 직접 그린 소교의 자화상이 있었고, 소교를 닮은 여인에게 시중을 들게 하고 매일 아침 차를 올리게 한다. 마치 소교가 올리는 차를 마시듯 차를 마시는 그의 입가에 탐욕스런 미소가 번진다. 소교에 대한 탐닉으로 마시는 한잔의 차는 그가 적벽에서 이겨야만 하는 이유를 설명한다. 조조가 마시는 한잔의 차, 그것은

영화《적벽대전》中 조조가 소교를 닮은 여인에게 차를 올리게 하는 모습

자신의 탐욕을 그대로 드러내는 차이다.

• **심의心意의 차**

주유는 검술로 병법을 정리하며 대전을 준비한다. 전쟁을 싫어하는 소교이지만 대전을 준비하는 주유를 위해 그녀는 한잔의 차를 준비한다. 주유가 날렵하게 칼을 휘두르고 옷자락을 펄럭이며 무술을 연마하는 동안 소교는 그의 곁에서 우아하고 단정하게 차를 우려낸다. 심의心意란 상대를 이해한다는 말이다. 주유는 "천 권의 병법서가 있더라도 당신의 차 한 잔과 바꾸지 않겠다"며 소교의 차 우리는 정성의 마음을 이해한다. 소교 역시 대전에 임하는 주유의 마음을 이해하며 정성을 다해 차를 대접한다. "조조를 불러 따뜻한 차 한잔을 나누며 대화하면 서로를 이해할 수 있지 않을까요?"라고 묻는 소교에게 주유는 "조조는 의심이 많아 상대를 이해하지 못

영화《적벽대전》中 무술을 연마하는 주유와 그의 옆에서 차를 끓이는 소교의 모습

하며, 차도 진정 느끼지 못할 거요."라고 답한다. 한잔의 차는 단순히 목마름을 해소하기 위한 것이 아니라 차를 통해 상대를 이해하고 자신의 정성을 다하는 것이다. 조조는 자신의 정성을 다해 다른 사람을 이해하려는 사람이 아니기 때문에 차의 진정성을 이해하지 못할 거라는 말이다.

• 승패勝敗의 차

바람의 방향이 동남풍으로 바뀔 때까지 시간이 필요했던 동맹군. 소교는 조조의 진영으로 향한다. 조조가 출정을 준비하자 소교는 차를 한잔 마시고 출정할 것을 권한다. 차를 우리는 아름답고 우아한 소교의 모습을 그냥 지나칠 수 없었던 조조는 이를 거절하지 못한다. 조조는 이 한 잔의 차가 적벽대전의 승패를 바꿀 줄은 꿈에도 상상하지 못했을 것이다. 소교의 한 잔의 차로 천하는 삼국으로 나뉘고 비로소 위, 촉, 오 삼국의 시대가 펼쳐진다.

영화《적벽대전》中 적진으로 홀로 들어간 소교가 조조에게 차를 올리는 모습

삼국시대의 차, 어떻게 마셨을까?

『신농본초경』에서는 인류가 찻잎을 이용한 것이 전설상의 인물인 신농神農에서부터 시작되었다고 전한다.

> 신농이 백 가지 약초를 맛보았는데, … 하루는 70여 차례나 중독이 되었으나 차를 마시고 해독하였다. (神農嘗百草之滋味, … 日遇七十二毒, 得茶而解.)

신농은 농사의 신으로, 인간세계로 내려와 인간이 풍요롭게 살수 있도록 직접 다양한 풀과 열매들을 먹어 보고 사람들에게 먹어도 되는 것과 먹으면 안 되는 것을 가르쳐주었다. 그러다 어느 날70여 가지의 독에 중독되었는데 차를 마시고 해독되었다고 한다. 신농이 마신 차는 약藥으로서의 기능을 가진 차로, 차가 처음에 약용으로부터 시작되었다는 것을 알 수 있다. 위진남북조시기 부함의 『사예교』에서는 낙양시장에서 차죽을 파는 할머니 일화를 싣고 있는데, 이를 통해 당시에 차를 식용으로 사용하였음을 알 수 있다. 오늘날에도 차는 나물이나 장아찌, 혹은 부침개로 만들어 먹거나쌀과 함께 넣어 죽을 만들거나 밥을 지어 먹기도 한다. 그러나 오늘날 차를 이용하는 방법은 기호음료로서의 음용이다. 차를 마시는방법은 시대에 따라 달라지는데, 당나라 시대의 음용 방법은 불에물을 끓이고 차를 넣어 끓여 마시는 자다법煮茶法, 송나라 시대의음용 방법은 가루차를 도구를 이용하여 거품 내어 마시는 점다법點

茶法, 그리고 명나라 시대 이후의 음용 방법은 찻잎을 물에 우려 마시는 포다법泡茶法으로 크게 나눌 수 있다.

그렇다면 영화《적벽대전》의 차는 어떨까? 지금부터《적벽대전》의 배경인 삼국시대의 차 마시는 모습을 들여다보자. 삼국시대 차의 역사와 문화를 엿볼 수 있는 최초의 자료는 위나라 장읍의 『광아廣雅』이다. 이 책은 현존하는 문헌 중 차의 가공법과 음용법이 최초로 발견된 문헌이기도 하다.

> 형주와 파주 일대에는 찻잎을 채취하여 떡 모양의 덩어리차를 만드는데, 늙은 찻잎으로 만든 병차는 쌀죽을 발라 만든다. 차를 끓여 마시려면 먼저 병차를 빨갛게 굽고, 찧어 가루 낸 다음 자기 속에 넣고 끓는 물을 부어 파, 생강, 귤 등을 섞어 끓이기도 한다. 이렇게 끓인 것을 마시면 술이 깨고 잠을 달아나게 한다. (荊巴間採葉作饼, 葉老者, 饼成, 以米膏出之. 欲煮茗飲, 先炙令赤色, 搗末置瓷器中, 以湯浇覆之, 用葱薑橘子芼之. 其饮醒酒, 令人不眠.)

형주는 지금의 호북성 서부지역을, 파주는 사천성 동부지역을 말한다. 차의 시원지라고 하는 사천성 일대에서는 찻잎을 따서 수증기로 찌고 차를 찧어 떡 모양의 덩어리로 차를 만들었다. 그래서 이것을 떡을 의미하는 한자어 병餠을 사용하여 병차라고 하였다. 그런데 나이 많은 나무에서 딴 늙은 찻잎으로 차를 만들면 차가 잘 뭉쳐지지 않는다. 그래서 점성이 있는 쌀죽을 발라 만든다. 병차를 만든 뒤 차를 마실 때는 먼저 병차를 빨갛게 굽는다. 차를 굽는 이유는 차의 향기와 맛을 높이려는 목적과 병차의 수분을 제거하고 깨끗한 상태를 유지하기 위해서이다. 이렇게 구운 병차는 찧어 가루를 내는데, 가루는 아주 곱게 찧어 가루 내지 않고 쌀알 크기 정도로 가루 낸다. 가루 낸 차는 자기 속에 넣어 끓는 물을 부어 마시거나 파, 생강, 귤 등을 넣고 끓여 마신다. 파, 생강, 귤 등은 열을 내는 음식이며 차의 냉한 기운을 보충하기 위한 것으로, 당시 차가 음용과 약용을 겸하여 함께 이루어졌다는 것을 알 수 있다. 술을 깨고 잠을 적게 한다는 마지막 문장은 차의 효능에 대한 언급인데, 오늘날 과학적으로 밝혀진 차의 효능과 일치하는 부분으로 옛사람들이 생활 속에서 습득한 지혜가 놀랍다.

영화《적벽대전》에서 소교가 차를 만드는 모습을 보면, 차를 숯불에 굽고 부서진 찻잎을 끓는 물에 넣어 끓인 후 포자를 이용하여 한 잔의 차를 만드는 모습을 확인할 수 있다. 삼국시대 차 음용 방법을 영화에 고스란히 녹여냈다.

조조: 차 끓이는 게 왜 어렵소?

소교: 찻잎, 불 조절, 물, 다기, 다 알아야죠. 그중에서 물 끓이는 게 가장 어려워요.

조조: 물 끓이는 거?

소교: 물고기 눈처럼 끓어오르면 첫 번째 끓음이고, 가장자리가 용솟음치면 두 번째 끓음인데 이때 가장 향기로워요. 힘찬 물결이 일면 세 번째 끓음인데, 더 끓이면 물이 늙어 마실 수 없게 돼요.

영화《적벽대전》中 소교의 차 끓이는 모습. 삼국시대 차 끓이는 방법을 잘 재현하고 있다.

승패를 바꾼 한 잔의 차를 만드는 소교에게 조조는 차 끓이는 것이 왜 어려운지 묻는다. 소교는 많은 어려움이 있지만 그중에서 가장 어려운 일은 물 끓이는 것이라고 하면서 물끓임을 순서에 따라 3단계로 말한다. 위나라 장읍의 『광아』에서도 언급되지 않았던 물끓임 3단계는 어디서 온 건일까?

사실 우리가 알고 있는 중국의 차문화, 특히 신농부터 당나라 이전의 차문화는 당나라 시대 육우의 『다경茶經』을 기반으로 하고 있다.

육우는 오늘날 다성茶聖으로 추앙받는데, 차의 경전인 『다경茶經』을 지은 인물이다. 그는 상중하 3권, 총 10장으로 구성된 『다경』을 지었는데, 그중 7장 「칠지사七之事」는 당나라 이전 차와 관련된 이야기를 다양한 서적에서 찾아내 모아 기록한 것이다. 위나라 장

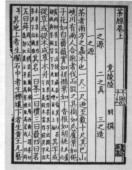
시안시에 있는 육우의 조각상과 『다경』(출처: Wikimedia commons)

읍의 『광아』에 기록된 삼국시대 차문화도 육우가 발견하여 『다경』에 수록하였다.

　『다경』 5장 「오지음五之煮」에서는 당나라 시대 차 음용 방법인 차 끓이는 법을 설명하고 있다. 차 끓이는 법 중 가장 중요한 것은 바로 물끓임의 단계이다. 육우는 물끓임의 단계를 첫 번째, 두 번째, 세 번째 끓음으로 나누고, 첫 번째 끓음인 일비一沸는 어목魚目, 두 번째 끓음인 이비二沸는 용천연주湧泉連珠, 세 번째 끓음인 삼비三沸는 등파고랑騰波鼓浪으로 표현하고 있다. 끓고 있는 물의 모습을 어목, 용천연주, 등파고랑으로 표현한 것을 보면 육우가 얼마나 세밀하게 물 끓는 모습을 관찰했는지 알 수 있다. 실제로 물을 끓여 보면 처음 나타나는 반응은 그릇 바닥 표면에 작은 물방울 기포가 깔려 있는 모습이다. 육우의 표현 그대로, 마치 물고기 눈처럼 작은 방울들이 바닥을 채운다. 조금 더 물이 끓으면 바닥 표면에 붙어 있던 작은 물방울들이 물 표면 위로 떠오른다. 작은 물방울들이 바닥에서 떠오르는 모습은 마치 구슬 하나하나가 연이어 올라가는 모습이다. 육우는 이런 모습을 용천연주라 표현했다. 물이 더 끓으면 물 표면이 성난 파도가 넘실대듯 출렁이며 움직인다. 파도가 생기고 물줄기가 소리를 내는 단계, 바로 등파고랑이다.

영화《적벽대전》에서 소교가 "물고기 눈처럼 끓어오르면 첫 번째 끓음이고, 가장자리가 용솟음치면 두 번째 끓음, 힘찬 물결이 일면 세 번째 끓음"이라고 말한 물끓임의 3단계는 바로 육우의 『다경』을 참조한 듯하다. 육우가 한 잔의 차를 만들기 위해 물끓임을 3단계로 나누어 설명하고 있는 것은 각 단계마다 해야 하는 일이 있어서이다. 그럼 육우의 차 끓이기를 『다경』을 통해 들여다보자.

먼저 만들어진 병차는 구워 가루 낸다. 그리고 숯을 준비하고 물을 끓인다. 첫 번째 끓음, 어목의 단계에서는 물 위의 수막을 걷어낸다. 물끓임의 단계를 눈으로 직접 살피기 위해 차 끓이는 솥에는 뚜껑이 없다. 뚜껑이 없으므로 연기나 그을음이 생기지 않도록 좋은 숯을 쓰지만, 그럼에도 그을음으로 물 위에 검은 수막이 생기기 쉽다. 그래서 일비에서 물 위에 혹시라도 있을지 모르는 수막을 먼저 걷어낸다. 수막을 걷어낸 후에는 소금을 넣는다. 소금을 넣는 이유는 차의 간을 맞추기 위해서가 아니라 차가 가진 고삽苦澁한 쓰고 떫은맛을 중화시키기 위해서다. 두 번째 끓음, 용천연주의 단계에서는 물을 한 표주박 떠낸 후 끓는 물의 중심을 대젓가락으로 휘젓고 그 가운데 차를 넣는다. 세 번째 끓음, 등파고랑에서는 두 번째 끓음에서 미리 떠낸 한 표주박의 물을 다시 붓는다. 물을 미리 떠 놓았다가 다시 붓는 이유는 무엇일까? 국수를 삶을 때, 국수 삶는 물이 끓어 넘친다고 바로 국수를 꺼낸다면 익지 않은 국수를 먹을 수밖에 없다. 끓는 물에 국수를 넣고 기다리다가 국수 삶는 물이 넘치려고 하면 차가운 물을 국수 위로 붓고 이를 서너 번 반복하는데, 이렇게 해야 잘 익은 국수를 먹을 수 있다. 육우가 두 번째 끓음에 물을 떠 놓았다가 세 번째 끓음에 떠낸 물을 넣은 이유도 마찬가지다. 두 번째 끓음에서 세 번째 끓음까지는 시간이 그리 길지 않다. 만약 두 번째 끓음에 차를 넣고 세 번째 끓음에 찻물을 뜬다면 다 우러나지 않은 맹탕의 차를 마실 수밖에는 없다. 따라서 국수가 삶아질 때까지 시간을 벌기 위해 물을 넣었듯이, 세 번째 끓음에서도 차가 더 우러나는 시간을 벌기 위해 두 번째 끓음에 떠낸 물을 넣어주는 것이다. 이렇게 3단계의 물끓음 과정을 통해 비로소 한 잔의 차가 완성된다.

차를 끓이는 아홉 가지 어려움, 차유구난茶有九難

조조가 차 끓이는 어려움에 대해 묻자 소교는 찻잎, 불 조절, 물, 다기 등의 어려움을 이야기한다. 육우의 『다경』에서는 한 잔의 차를 만드는 아홉 가지 어려움을 차유구난茶有九難이라는 말로 표현하고 있다.

　육우가 말한 차유구난茶有九難은 『다경』 6장 「육지음」에 기술되어 있다.

　차에는 아홉 가지 어려움이 있다. 첫째는 만드는 방법, 둘째는 감별하는 법, 셋째는 기물, 넷째는 불, 다섯째는 물, 여섯째는 굽는 법, 일곱째는 가루 내는 법, 여덟째는 끓이는 법, 아홉째는 마시는 법이다. (茶有九难, 一日造, 二日别, 三日器, 四日火, 五日水, 六日炙, 七日末, 八日煮, 九日饮.)

흐린 날 따서 밤에 만드는 것은 적합한 가공법이 아니고, 씹어서 맛보거나 냄새를 맡아 그 품질을 감별하는 것은 올바른 감별법이 아니고, 누린내 나는 솥이나 비린내 나는 잔은 마땅한 기물이 아니고, 진이 많은 나무나 고기를 구워 기름기가 밴 숯은 알맞은 불이 아니고, 물살이 빠른 여울물과 고인 물은 알맞은 물이 아니고, 겉은 익었으나 속이 설익은 것은 옳게 굽는 방법이 아니고, 푸른 가루가 되거나 먼지처럼 날리는 것은 그 가루 내는 법이 아니고, 서투르게 다루거나 손놀림이 거칠게 젓는 것은 옳게 끓이는 법이 아니고, 여름에는 흥하고 겨울에는 폐하는 것은 참된 마심이 아니다. (阴採夜焙, 非造也. 嚼味嗅香, 非别也. 羶鼎腥瓯, 非器也. 膏薪庖炭, 非火也. 飞湍壅潦, 非水也. 外熟內生, 非炙也. 碧粉缥尘, 非末也. 操艰搅遽, 非煮也. 夏兴冬废, 非饮也.)

육우가 『다경』에서 언급한 아홉 가지 어려움을 종합해 보면 다음과 같다.

첫째, 차를 만드는 법

차를 만들 때는 흐린 날 찻잎을 따지 않으며, 아침에 딴 찻잎을 밤까지 두었다가 만들어서도 안 된다. 육우는 『다경』 「삼지조」에서 "그날에 비가 오면 따지 않고 맑은 날씨라도 구름이 있으면 따지 않는다(其日有雨不採 晴有雲不採)"라 하여 찻잎을 딸 때 고려해야 할 날씨 등의 기상 조건을 언급하였다. 비 오는 날 찻잎을 따지 않는 이유는, 찻잎이 비에 젖으면 살청이 제대로 되지 않기 때문이다. '살청'이란 찻잎 속 산화효소의 활동을 멈추어 산화발효가 더 이상 진행되지 않게 하는 공정이다. 당시에 만들어진 병차는 오늘날 녹차와 마찬가지로 산화발효 되지 않도록 만들어지는 차이므로 비 오는 날 찻잎을 따지 않은 것이다. 이 외에도 살청은 차의 색향미色香味에도 영향을 주는데, 살청이 제대로 이루어지지 않으면 색이 탁하고 향과 맛이 떨어진다. 또한 구름이 낀 흐린 날 찻잎을 따지 않는 이유는 차의 건조 시간이 길어지기 때문이다. 병차는 칠경목七經目, 채(採: 찻잎을 따는 공정) — 증(蒸: 찻잎을 시루에 찌는 공정) — 도(搗: 찐 차를 절구에 찧는 공정) — 박(拍: 찧은 차를 틀에 넣어 모양을 만드는 공정) — 배(焙: 말리는 공정) — 천(穿: 꿰미에 꿰는 공정) — 봉(封: 저장공정)의 공정으로 만들어지는데, 날이 맑지 않으면 차의 건조공정이 길어져 찻잎이 누렇게 변할 수 있다. 따라서 차를 만드는 날은 맑고 구름이 끼지 않은 날이어야 한다. 찻잎을 차나무에서 따면, 그 순간부터 산화효소의 움직임으로 발효가 진행된다. 따라서 비발효차를 만들려면 차를 딴 후 되도록 빠른 시간 안에 차를 만들어야 한다. 밤에 차를 만든다면 이미 찻잎은 많이 산화되었을 것이다. 따라서 밤에 차를 만드는 것은 바른 방법이 아니라고 한 것이다. 물론 찻잎을 따서 바로 차를 만드는 것은 어려운 일일 것이다. 그러나 차를 만든다는 것은 정성이 수반되어야 하는 일이다. 단순히 하나의 병차를 만드는 것이 아니라 병차 하나하나에는 차를 만드는 사람의 정성의 마음이 따라야 한다.

둘째, 차의 품질을 분별하는 방법

차의 품질을 분별하는 것을 품평이라 한다. 오늘날 차의 품질을 평가하는 방법은 크게 이화학적 방법과 관능적 방법이 있다. 이화학적 방법이란 자연과학 이론을 바탕으로 차의 성분과 효능, 영양적 특성을 평가하는 방법이며, 관능적 방법이란 사람이 자신의 감각기관을 통해 차의 기호적 특성을 평가하는 방법이다. 차품평을 위한 감각기관은 시각, 후각, 미각, 촉각 등을 들 수 있다. 눈으로 차외형을 보고, 코로 차 향기를 맡으며, 입으로 차 맛을 평가한다. 그리고 손으로는 차의 중량감이나 우린 찻잎의 부드러움과 탄력을 판별한다. 보통 관능평가, 품평이라고 하면 시각, 후각, 미각, 촉각을 통하여 차의 외형, 수색, 향기, 맛, 그리고 우린 잎 등을 평가하는 것을 말한다.

육우가 차의 품질을 평가하는 방법은 오늘날 관능평가에 가깝다. 관능평가와 관련한 내용은 『다경』 「삼지조」에서 볼 수 있다. 그는 만들어진 병차의 모습을 8가지로 분류하여 설명한다. 첫 번째 호인의 가죽신처럼 잔주름이 있는 병차, 두 번째 들소 가슴처럼 꾸불꾸불한 주름이 있는 병차, 세 번째 산 위의 떠다니는 구름 같은 모양의 병차, 네 번째 가벼운 바람으로 물 위에 생기는 잔물결 모양의 병차, 다섯 번째 도공이 정제한 흙 모양의 병차, 여섯 번째 폭우로 인해 패인 땅 모양의 병차, 이 여섯 가지 모양의 병차는 품질이 좋은 병차이다. 일곱 번째 가지와 줄기가 억센 찻잎으로 만든 병차, 여덟 번째 마치 서리 맞은 연잎처럼 줄기나 잎사귀가 시들어 생기 없고 말라 버린 찻잎으로 만든 병차, 이 두 가지는 품질이 좋지 못한 저급한 병차에 속한다. 그럼 육우는 단순히 병차의 모습만으로 차의 품질을 평가하였을까? 그가 차를 감별하는 기준은 다음과 같다.

혹 어두운 광택이 나며 바르고 평평한 것을 좋은 차라고 말하는데 이것은 차를 감별하는 하등의 방법이다. 또한 표면에 주름이 있고 누런색의 울퉁불퉁한 것을 좋은 차라고 말하는데 이것은 앞의 것보다 더한 차등의 감별법이다. 좋은 점과 좋지 않은 점을 모두 말할 수 있어야 상등의 감별법이다. (或以光黑平正言嘉者, 斯鑑之下也. 以皺黃坳垤言佳者, 鑑之次也. 若皆言嘉及皆言不嘉者, 鑑之上也.)

이러한 현상은 차와 모든 초목의 잎에서도 한결같다. 무릇 차의 나쁨과 좋음은, 오직 구전비결에 달려 있다. (此茶與草木葉一也. 茶之否臧, 存於口訣.)

육우의 병차 감별법은, 외형을 특정하여 좋은 차를 정하는 것이 아니라, 외형과 내질을 동시에 살펴 좋은 점과 나쁜 점을 모두 아울러 평가하는 것이다. 그는 차의 좋고 나쁨을 아는 것은 '구결口訣'에 있다고 한다. 구결이란 오랜 경험과 연륜에 의해 체득되어 말로 전해지는 비결을 말한다. 만들어진 병차를 자신이 알고 있는 몇 가지 단편적 지식만으로 평가하는 것은 하등의 방법이다. 따라서 다양한 차를 경험하는 구결을 통해서만 올바르게 차를 평가할 수 있으며 진정한 전문가로 거듭날 수 있다.

셋째, 차 기물

차를 우리거나 끓일 때 일상에서 사용하는 기물은 사용하지 않는다. 차의 순수한 맛과 향을 해칠 수 있기 때문이다. 육우가 살던 시기는 물자가 그리 풍부한 시대가 아니다. 일상에서 사용하는 그릇 등을 사용하여 차를 끓이니 물을 끓이는 솥이나 차를 마시는 잔에서 누린내나 비린내가 났던 것 같다. 육우는 음식을 끓이고 담는 그릇과 차를 끓이고 담는 그릇을 구별하여 사용할 것을 권하고 있다. 깨끗하지 못한 기물은 순수한 차맛에 잡스런 냄새를 배게 하기 때문이다.

넷째, 불을 일으키는 땔감

오늘날 우리는 쉽게 끓인 물을 얻는다. 전기포트나 가스불의 스위치를 간단하게 누르거나 돌리면 얼마 지나지 않아 끓인 물을 얻을 수 있고, 정수기의 스위치를 누르면 바로 끓인 물을 얻을 수도 있으니 말이다. 그러나 육우 당시의 시절에는 불을 일으키고 물을 끓이는 일은 생각보다 수고로운 일이었다. 특히 물을 끓이기 위해 연료인 땔감이 필요하였는데, 좋은 땔감을 구하는 일은 중요하였다. 잣나무, 계수나무, 전나무처럼 진액이 많은 나무는 불을 피우면 그을음이 많이 생기므로 땔감으로 적당치 않다. 또한 고기 등을 구워 누린내나 기름기가 스며든 땔감도 차에 나쁜 영향을 미친다. 그러므로 처음 사용하는 그을음이 잘 생기지 않는 뽕나무, 오동나무, 참나무의 땔감을 구해 불을 피워야 한다.

다섯째, 물

『다경』「오지자」에서는 찻물에 사용되는 물을 상중하로 구분한다. 산속에서 가져온 물이 가장 좋은 상품의 물이다. 산수 중에서도 으뜸은 돌로 된 연못에서 천천히 흐르는 물이며, 물살이 빠른 곳이나 고여 있는 물은 차에 알맞은 물이 아니다. 중품의 물은 강물이다. 사람이 사는 곳과 멀리 떨어진 강물의 상류 지역 혹은 사람의 발길이 쉽게 닿지 않은, 인가와 먼 곳에서 얻은 물이 알맞다. 하품의 물은 우물물이다. 그중에도 사람들이 많이 사용하여 물이 고여 있지 않고 자주 긷는 물이 좋다. 아무리 좋은 차라도 물이 좋지 않으면 차맛을 온전히 드러내지 못한다. 그래서 물은 오늘날에도 많은 차인들이 중요하게 생각하는 것 중의 하나다.

여섯째, 병차 굽는 법

병차를 끓여 마실 때 가장 먼저 하는 과정은 병차를 꺼내 집게에 끼워 불에 굽는 것이다. 병차를 굽는 이유는, 병차의 습기를 제거하고 차의 맛과 향을 높이며 병차를 가루 내기 수월하게 하기 위함이다. 병차 겉면의 습기는 굽기를 통해 금세 해결되지만 속에 남아 있는 습기는 여러 번 재차 구워주어야 한다. 이처럼 차를 굽는 일은 간단한 일 같지만 세밀하고 정교하게 정성을 다해야 하는 작업이다.

일곱째, 차를 가루 내는 방법

구워진 병차는 식기를 기다렸다가 가루 내는데, 가는 쌀가루 크기 정도의 것이 상등품이고, 가루의 크기가 거칠고 크면 하등품이다. 병차가루는 쌀가루 크기 정도의 입자를 가지는 것을 가장 좋은 것으로 여기기 때문에 너무 곱게 가루 내지 않는다.

여덟째, 차를 끓이는 법

차를 끓이는 과정은 앞의 물 끓이는 3단계에서 충분히 설명하였다. 삼비 순서에 따라 차를 끓이는데, 가장 중요한 것은 정성을 기울여 한 잔의 차를 만드는 것이다.

아홉째, 차를 마시는 법

육우에게 차를 마신다는 것은, 기호음료로써 단순히 차맛을 즐기기 위한 것이 아니다. 육우에게 차는 자신을 수신修身하여 본래의 모습을 회복하기 위한 수단이다. 따라서 여름에 많이 마시고 겨울에 마시지 않는 것은 참다운 차생활이 아니다. 계절이나 날씨에 상관없이 한결같이 마시는 것이야말로 차의 본질을 아는 차생활이라 할 수 있다.

영화《적벽대전》, 왜 차였을까?

영화《적벽대전》의 한 잔의 차를 육우의 『다경』을 통해 살펴보았다. 그렇다면《적벽대전》은 왜 하필 차를 통해 이야기를 전개하고 있는 것일까?

조조 : 가득 찼소.
소교 : 승상이… 이 찻잔 같지 않으십니까? 가슴이 야망으로 가득 차서 다른 이의 말은 받아들이질 못하죠. 가득한 욕심을 품고 적벽에 왔으니 누군가 도와 비워줄 것입니다.

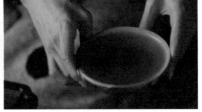

영화《적벽대전》中 소교가 조조의 찻잔에 가득찬 차를 쏟아버리는 모습

소교는 조조에게 올리는 두 번째 차를 잔이 넘치도록 따른다. 그리고 다시 넘치는 찻잔을 한 번에 비워내며 조조의 가득한 욕심을 이 찻잔처럼 비워줄 사람이 올 것이라 말한다. 참된 차생활이란 우리의 의식 가장 깊은 곳에 숨어 있는 우매함을 알고 자신의 가득한 욕심을 내려놓는 것이다. 우리가 차를 마시는 이유는 바로 자신의 욕심을 비우기 위해서이다. 육우는 『다경』에서 차의 정신을 정행검

덕精行儉德이라 하였다. 정행검덕이란 정성스런 행동과 검소한 덕을 갖추는 것으로, 한잔의 차를 마시고 정신의 혼매함을 깨우쳐 자신의 본마음을 깨닫는 것이다. 몸에 병이 생기면 누구나 그 병을 치료하려 노력할 것이다. 그런데 마음의 병이 생기면 어떨까? 사람들 대부분은 자신에게 마음의 병이 있는 것조차 알지 못한다. 조조처럼 자신이 가진 마음의 욕심을 알아채지 못한다. 하나의 수행으로서 마시는 차 한잔은 자신의 마음속 깊이 들어차 있는 욕심을 알아차리고 맑고 조화로운 곳으로 나를 이끌어줄 것이다.

『삼국지』는 오늘날에도 여전히 많은 사람들에게 읽히고 회자되는 책이다. 오늘날에도 여전히 인기를 누리는 이유는 그 배경인 삼국시대도 난세였고 오늘날도 난세이기 때문은 아닐까? 사실 역사를 살펴보면 난세가 아닌 적은 별로 없었던 것 같다. 사람들은 자신이 살아가는 세상을 항상 난세로 여긴다. 그럼에도 불구하고 난세인 세상에서 사람들은 항상 행복을 꿈꾼다. 우리는 행복을 많은 것을 가지고 누리는 것이라 착각한다. 그러나 진정한 행복은 마음속 가득한 욕심을 내려놓는 것에서 출발한다. 그런 의미에서 본다면 영화《적벽대전》의 한 잔의 차는 행복한 삶을 말하고 있는 것은 아닐까? 당신은 가슴에서 넘쳐버린 욕심의 차 한 잔으로 조조처럼 패배할 것인가, 아니면 욕심을 내려놓고 천천히 색과 향을 음미하는 차 한 잔으로 행복을 찾을 것인가.

참고문헌

『다경』, 쨍유화, 도서출판 차와 사람, 2008
『다경』, 김진숙, 국학자료원, 2009
『차의 관능평가』, 신소희·정인오, 이른아침, 2017

차 와 예 술

영화《**해어화**》

· 윤혜진 ·

한국예술종합학교 전통예술원에서 가야금을 전공했다. 다악을
주제로 한 논문으로 석사학위를 취득하면서 본격적으로 다악
에 빠져들었으며, 고려대학교 박사과정에서 연구를 이어가고
있다. 또한 창작연구소 오동나무해프닝의 대표로서 작곡, 연주,
강의 등 다양한 다악 콘텐츠 개발에 힘쓰고 있으며, 다악의 저
변 확대를 위해 활발히 활동 중이다. 대표적인 다악 콘텐츠로는
「당신의 꿈을 블랜딩하는 시간-꿈다방」, 「곁에서」, 「코스모스
정원」 등이 있다.

해어화

감독 박흥식, 주연 한효주, 천우희, 유연석

한국, 2015

가질 수 없는 것을 갖고 싶은 마음

먼저 고백하자면, 이번 원고를 준비하면서 어떤 영화를 골라야 할지 너무 막막했다. 게다가, 영화도 영화지만 글을 쓴다는 것 자체의 무게감에 컴퓨터 앞에 앉기까지는 더 한참이 걸렸다. 심지어 《해어화》는 딱 봐도 차茶와는 관련이 없는 영화였기에 그냥 재미로 시작했다. 그런데 영화 자체에 푹 빠져 보면서 끝날 때까지 눈물을 멈출 수 없었다. 가지지 못한 재능, 예술에 대한 열망, 간절함이 참 마음에 남았다. 너무 푹 빠져서 본 탓에 차와 관련된 장면은 발견하지 못했지만 이 영화를 꼭 소개하고 싶어서 다시 돌려봤다. 배경에 찻잔이라도 하나만 지나가 준다면 어떻게든 끼워 넣을 생각이었다. 그런데 이게 웬걸! 한 장면이 아니라 열 컷도 넘게 찻자리며 다구

영화 《해어화》 中

들이 등장했다. 찾아보니 이렇게 많이 나오는데 처음 영화를 봤을 때 정말 한 장면도 인식하지 못했던 것이 의아했다.

말을 알아듣는 꽃, 해어화

'말을 알아듣는 꽃'이라는 뜻을 가진 해어화는 중국의 고서古書『개원천보유사開元天寶遺事』에서 그 유래를 찾을 수 있다. 당나라 황제 현종이 탐스럽게 핀 연꽃을 감상하다가 옆에 있던 양귀비를 가리키며 "연꽃의 아름다움도 여기 내 옆에 말을 알아듣는 꽃(해어화 解語花)에는 미치지 못하리라"고 말한 것이 그 시작이다. 처음에는 중국의 4대 미인 중 한 사람인 양귀비의 별칭으로 쓰였으나, 그 뜻이 점차 확대되어 미인을 비유하거나 기생을 일컫는 말로 쓰였다.

영화《해어화》는 2015년 개봉한 박흥식 감독의 작품으로 경성 제일의 기생학교였던 대성권번을 배경으로 시작된다. 1943년 조선의 마음이 되고 싶었던 한 기생의 이야기를 들어보자.

권번에서 나고 자란 소율(한효주 분)은 출중한 실력과 아름다운 외모를 가진 기생학교 최고의 학생이다. 그리고 연희(천우희 분)는 노름꾼 아버지에게 권번으로 팔려왔지만 소율의 제안으로 기생학교에 입학하게 된다. 그렇게 친구가 된 소율과 연희는 최고의 예인을 꿈꾸며 함께 성장했고, 권번의 교장인 산월(장영남 분)의 총애와 동기들의 부러움을 받으며 기생학교를 훌륭한 성적으로 졸업했다. 그렇게 기생이 되어 예인의 길에 들어선 그들 앞에 윤우(유연석 분)

가 나타나는데, 사실 윤우는 소율의 오랜 연인이자 최고의 대중가요 작곡가였다. 그는 민중의 마음을 달래는 '조선의 마음'이라는 곡에 어울리는 가수를 찾고 있었다. 내심 기대했던 소율의 예상과는 다르게 윤우는 연희의 목소리에 빠져들게 되고, 영화는 사랑도 친구도 잃었지만 노래만은 지키고 싶었던 소율의 절절한 인생을 노래한다.

영화 속 차 이야기

《해어화》는 차와 관련된 영화가 아님에도 불구하고 중요한 장면부터 사소한 장면까지 차가 등장한다. 영화의 배경인 1943년에는 환경적으로도 여러 문화가 공존했기에 차문화 역시 전통적인 방식, 일본식, 서양식 등으로 다양하게 향유되었다. 영화 속 인물들이 무슨 차를 마시는지는 알려주지 않지만 장면에 따라 등장한 다구를 통해 추측해볼 수 있다.

한가로운 날 권번에서 기생들이 봄바람을 즐기며 차를 마신다.

영화 《해어화》 中 권번에서 기생들이 담소를 나누며 차를 마신다.

제법 잔이 큰 것으로 보아 덩어리로 된 떡차를 달여서 마셨을 것이다. 이 차는 고대 중국은 물론 우리나라의 차문화사에서도 유구한 역사를 자랑하는데, 삼국시대부터 지금까지 많은 차인茶人들의 사랑을 받고 있다.

떡차는 한 알(약 5g)에 약 400ml가 우러난다. 따라서 작은 찻잔보다는 조금 큰 잔에 마시는 것이 편리하다. 이 차는 다관에 우려서 마실 수도 있고 주전자에 끓여서 마실 수도 있다. 이때 계피나 생강을 블랜딩하면 색다른 맛을 즐길 수 있다. 떡차를 더 맛있게 먹는 법을 하나 소개하자면, 차를 우리기 전에 낮은 열로 살짝 구우면 더욱 풍미가 살아난다.

어느 날, 윤우는 소율이 너무나 좋아하는 대중가수 이난영을 만나게 해준다. 이때 이난영이 자신의 집으로 소율과 윤우를 초대해 차를 대접하는데, 준비한 서양식 티팟에는 홍차를 내었을까, 커피를 내었을까? 당시 새로운 음악, 새로운 문화에 밝았을 이난영은 커피를 즐겼을 것 같기도 하고, 그럼에도 전통음악인 정가를 좋아한다는 대사를 통해 서양식 정통홍차를 즐기지 않았을까 상상해본다.

이난영의 찻자리를 상상하다 보니 커피에 관한 기억이 하나 떠올랐다. 사실 커피의 어떤 품종이라기보다는 커피를 마시던 순간의 기억인데, 비가 내리던 약간 쌀쌀한 날이었다. 빗소리와 함께 〈다랑쉬〉(김대성 작곡)의 선율이 낮게 깔려 있었고 마침 가장 좋아하는 잔에 커피를 내렸다. 쌀쌀한 날씨, 커피의 향기와 빗소리, 음악이 어우러져 한 컷으로 기억된다. 가끔 쌀쌀한 날씨를 만나거나 커피 향이

영화《해어화》中 이난영과 윤우, 소율의 찻자리

스칠 때면 그날의 기억이 떠오를 때가 있다.

　소율은 그토록 원하던 예인의 길을 멈추고 대중가수가 되로 결심한다. 오랜 연인의 마음이 변한 것도 슬프지만 자신의 노래가, 예술이 인정받지 못했다는 사실에 참을 수 없이 분노한다. 결국 대중가수가 되기 위해 총독부 경무국장을 찾아가 청탁을 하게 되는데, 이때 경무국장 하라타 기요시(박성웅 분)가 소율에게 차를 대접한다. 그는 다다미방에서 무쇠탕관을 비롯한 일본식 다구를 준비했다. 일본의 차라고 하면 가루형태의 말차가 가장 먼저 떠오를 수 있지만 말차 다완이나 차선이 없는 것으로 보아 잎차형태인 교쿠로를 대접하지 않았을까? 교쿠로는 같은 잎차 형태인 센차(煎茶)의 최고급버전으로 옥로玉露차라고도 한다. 차의 이름이 너무 많아 헷갈릴 수 있지만 교쿠로, 센차, 말차는 모두 일본녹차의 한 종류이

가수가 되기 위해 경무국장을 찾아간 소율

다. 같은 차나무 잎을 사용하지만 재배지의 환경, 채엽시기, 제다방식에 따라 맛과 향이 다른 것이 재미있다.

　소율이 하라타 기요시와 차를 마시며 이야기를 나누던 시간, 소율은 그 시간을 후회하겠지만 그녀의 인생에서 어떤 잊을 수 없는 시간이었음에는 분명하다.

　아주 사소한 일상부터 인생에 잊을 수 없는 순간, 중요한 사건이 벌어지는 자리에는 자연스럽게 차가 함께 있었다. 차는 이야기의 물꼬를 터주기도 하고 분위기를 부드럽게 만들거나 격식을 차려주기도 한다. 이보다 더 좋은 조력자가 있을까? 영화의 장면 곳곳에 차문화가 녹아 있는 것처럼 실생활에도 생각보다 많은 찻자리가 있다. 차의 종류, 다구, 차를 대접하는 주체는 상황마다 다르지만 친한 사이부터 어색한 사이, 어려운 상황, 인연의 마지막에도 찻자리가 있었다.

영화 속 예술 이야기

• 예인의 역사

산월은 대성권번의 행수이자 대성권번에서 운영하는 기생학교의 교장이다. 소율과 연희를 비롯한 학습기생들이 4년여의 수련을 마치고 기생학교를 졸업하던 날 산월은 마지막 가르침을 남긴다.

"예로부터 기생이란, 말을 알아듣는 꽃 해어화라 했다. 말인즉슨 사람의 말을 헤아린다는 뜻이지만 그보다는 오히려 학문과 예술을 안다는 뜻인 게다. 신분은 미천하나 예인으로서의 높은 기량을 이룬다면 그 어떤 고관대작도 그 앞에서 눈을 열고 귀를 열 뿐 감히 꺾을 길 없는 고귀한 꽃으로 피어나는 것이다. 명심하거라. 기생이란 다름 아닌 예인이다."

_ 산월

기생의 역사적 기원을 살펴보면 고려시대로 거슬러 올라간다. 국가기관이던 교방에 소속된 기녀들은 악樂·가歌·무舞를 익히고 각종 연회, 의례, 제례에서 여악女樂으로서의 역할을 수행했다. 지금으로 치면 전문 예술인이자 일종의 예술 공무원이라 할 수 있겠다. 고려시대부터 이어진 여악제도는 조선시대에 더욱 활발한 활동을 하게 되는데, 이 바탕에는 조선의 예악禮樂사상이 있다. 성리학을 중심으로 예악사상이 나라의 근본을 이루었던 조선은 예禮와 악樂으로 조화(和)를 이루는 교화정치를 표방했고, 이를 위해 나라

조선권번 예기양성소의 가곡반 졸업생 사진, 1938년 10월 16일,
국립국악원(출처: 한국학중앙연구원)

에서 악공, 악생, 여악 등 주도적으로 전문예술인을 양성했다.

　이후 조선후기를 거쳐 일제강점기에는 관기제도가 폐지되면서
민간에서 기생조합이 조직되고 1914년 권번券番이라는 이름으로
통합된다. 일종의 예술학교이자 엔터테인먼트 회사였다. 권번에서
는 학생을 받아 노래, 악기, 무용, 그림 등 전문예술장르부터 국어,
산술, 작문 등의 교양과목까지 체계적인 교육을 통해 전문예술인
을 양성했다. 권번의 학습기녀들은 4년여의 혹독한 수련과정을 거
쳐 졸업시험을 통과해야만 정식 기생으로 데뷔할 수 있었다. 또한
상위권으로 졸업한 기생을 해당 권번으로 소속시켜 권익을 보장했
다. 공연 중계는 물론이고 수익분배 등의 역할을 수행했는데 지금
의 연예인 소속사와 같은 개념이라고 이해하면 쉽다.

　일제강점기의 기생들은 전통예술뿐 아니라 대중가요, 음악방송,

라디오, 음반취입은 물론이고 영화계로 진출한 경우도 종종 있었다. 그들은 전통예술을 전승하고 새롭게 유입된 문화를 흡수했으며 다양한 사회운동을 전개했다. 하지만 시대적으로 새로운 환경을 맞이했음에도 불구하고 여전히 기생은 사회적으로 천대를 받았다. 지금까지도 기생은 그 역사성과 예술성에 비해 부정적인 측면이 부각되는 경향이 있다. 하지만 기생의 본질은 전통예술을 누구보다 사랑하고 계승, 발전시킨 예인이었다.

• 노래, 정가正歌

인연의 마지막 순간, 소율은 차를 내리면서 오라버니한테 들려주고 싶은 노래가 있다며 윤우에게 정가 한 소절을 들려준다.

"사랑 거짓말. 임 날 사랑 거짓말"

소율의 원망스러운 눈빛과 한이 서린 가사에 맑은 음색, 어딘지 모르게 날카로운 이 곡은 전통 성악곡 정가 중 여창 계면조 평거 '사랑 거짓말'의 한 소절이다. 정가는 전통성악곡의 한 갈래로 노

영화《해어화》中 윤우와 마지막 자리에 차를 내리는 소율

가곡 두거 〈구름이〉 악보. 첫 가사 '구름이' 중에서 '이'를 8박 동안 늘여 부른 것을 확인할 수 있다. (『김기수 대마루 108.66』 p.94에 삽입된 악보)

랫말의 모음을 길게 늘여 부르는 특징이 있다. 예를 들어 '사랑'은 '사아아아-라아앙'으로 단어의 모음을 길게 늘인다.

감성적 가사를 절제된 형식에 담아 노래하는 정가는 전통성악곡 중에서도 그 역사가 오래된 축에 속하며, 템포가 굉장히 느린 것이 특징이다. 노래가 느리기 때문에 긴 호흡과 절제된 기교를 사용한다. 정가의 노랫말은 기존에 전해오던 시조를 차용한 경우도 있고, 사대부들이 풍류방에서 시를 짓거나 기생이 지은 시에 음률을 붙이기도 하였다. 정가는 노래만큼이나 긴 호흡으로 변화, 발전했는데, 17세기 전반에 태동해 약 3세기에 걸쳐 하나의 장르로 완성되었다. 한때 사대부의 풍류와 수양의 음악으로 사랑받았던 정가는 예인의 노래에서 이제는 대중의 노래로 다가가기 위해 애쓰고 있다. 《해어화》에서도 다양한 버전의 정가를 감상할 수 있다. 하지만 음악의 아름다움을 이렇게 글로 표현한들 무엇하리! 영화와 함께 시 한 수의 아름다움에 빠져보시기를 추천한다.

• 흘러가는 노래, 유행가流行歌

시간이 흘러 할머니가 된 소율은 방송국 PD와 종이컵에 (아마도) 인스턴트커피를 마시며 이야기를 나누었다. 세월에 잊힌 소율의 처지가 간편함과 새로운 풍미에 자리를 내어주고 지난날 화려했던 시절은 사람들의 기억 속으로 사라진 전통문화처럼 처량하게 겹쳐졌다. 그렇다고 종이컵과 인스턴트커피를 비난하는 것은 아니다. 그저 지금의 유행이 그러한 것이다.

> "유행이 왜 유행인지 아니? 기어이 흘러가 사라지니 '유행流行'
> 인 것이다."
>
> _ 산월

혼히 대중가요를 유행가라 하지만 어떤 것도 유행이 아닌 것은 없다. 정가도 마찬가지로 유행의 흐름 안에 있었는데, 정가의 원형인 만대엽慢大葉·중대엽中大葉·삭대엽數大葉은 조선시대 전반에 걸쳐 생성, 발전, 쇠퇴했다. 조금 더 설명을 보태자면, 만慢·중中·삭數은 속도의 개념으로 만慢이 가장 느리고 중中은 중간 템포, 삭數이 셋 중 가장 빠르다. 심지어 삭數은 당시에 매우 빠르다는 의미였는데, 지금 보통 노래의 속도감으로 비교했을 때는 이마저도 한없이 느리다. 이익(李瀷, 1681~1763)의 『성호사설星湖僿說』에 따르면 "만대엽은 너무 느려서 인기가 없고, 중대엽은 좀 빠르지만 역시 좋아하는 이가 없고, 사람들이 삭대엽만 좋아한다"고 기록하고 있다. 아마도 만대엽은 고리타분한 노래이고 삭대엽이 당시의 유행가였던 모양이다. 만대엽이고 삭대엽이고 우리에게는 이미 지나간 음악인데, 유행가라고 하니 뭔가 생경하다. 당시의 유행가이자 새로운 노래 형식이던 정가는 17세기 전반부터 19세기 말까지 약 3세기에 걸쳐 완성되었다. 흐름 안에서 흘러가는 것일 뿐 정가 역시 대중음악이었던 그 시절을 생각한다면 예술을 높고 낮음의 계층으로 분류하는 것은 이미 유행이 지난 인식론이다.

流(흐를 류), 行(다닐 행) 유행. 예술을 살아 있다고 하는 이유가 여기에 있다. 유행의 물결이 크게 요동칠 때도 있고 잔잔히 흘러갈 때도 있지만 어디 한 곳에 멈추지 않고 끊임없이 흘러가기 때문이다.

• 차와 예술

차문화가 오랫동안 이어져 올 수 있었던 이유는 차 자체가 가지는 가치도 있지만 차가 다른 여러 문화와 결합하여 또 다른 분야로 변화, 발전했기 때문이다. 차는 시, 그림, 음악, 꽃, 그릇, 의복 등과 결합하여 새로운 장르를 구축함으로써 차문화의 범주를 확장시켰다. 또한 다시茶詩, 다서茶書, 다화茶畵와 같은 기록은 과거의 풍류객들이 시, 그림, 음악 등 예술을 즐기며 차를 마시는 모습을 상상하게 해준다.

김홍도(金弘道, 1745~1806?)의 〈선면서원아집도扇面西園雅集圖〉에서도 풍류객들이 모여 차와 예술을 즐기는 고아한 정취를 느낄 수 있다. 문인들의 고상한 모임을 아회雅會라 하는데, 그러한 이상적인 문인 모임을 그린 그림을 아집도雅集圖라 한다. 조선의 대표적인 아집도 중 하나인 김홍도의 〈선면서원아집도〉는 사실 실제 모임이

김홍도, 선면서원아집도扇面西園雅集圖(국립중앙박물관 소장)

아닌 상상 속의 아회로 당시 선비들이 추구하는 이상적인 풍류의 모습을 담았다. 조금 더 자세히 그림을 살펴보자면, 대나무 숲을 배경으로 시詩, 서書, 화畵와 음악을 즐기는 문인들이 보인다. 그림의 가장 왼편에는 또 다른 이들이 강론을 펼치고 있으며, 그림의 중앙에는 현악기인 금琴이 놓여 있고, 그 옆으로 다동이 홀로 차를 끓이고 있다. 그림을 가만히 보고 있노라면 어쩐지 어떤 이야기가 들릴 것만 같다. 간간히 들리는 대나무 숲의 바람 소리, 타닥타닥 숯불의 소리, 그리고 은은한 차의 향기와 혼자 가만히 불을 들여다보며 차를 끓이는 다동의 모습마저 멋스럽다.

차와 예술은 인류의 오랜 역사를 함께했는데, 이들이 잘 어울리는 이유는 어딘지 모르게 닮아 있기 때문이다. 차와 예술은 서로 영향을 주고받으며 성장했고, 서로의 정신세계를 반영하여 더욱 깊이 있는 사유의 시간을 제공했다.

이경윤李慶胤, 월하탄금도月下彈琴圖(고려대 박물관 소장)

세상을 움직이는 것은 오직 아름다움이다.

_ 센노리큐(千利休, 1522~1591)

　많은 차인들이 차에서 단순한 마실거리 이상의 미의식을 추구했다. 일본의 다성茶聖 센노리큐 역시 차를 통해 자신의 미학을 완성했는데, 차에 대한 미의식을 찾아간다는 것은 아름다움을 탐구하는 예술의 근본적인 가치관과 일치한다. 아름다움 자체에 대한 탐구와 내가 추구하는 아름다움에 대한 고민은 많은 예술가와 차인들의 공통된 화두였다. 아름다움에는 두 가지 어원이 있다. '알다

(知)'와 '나답다'가 그것인데, 단어의 어원처럼 어떤 것을 알아가고 체득하는 것이야말로 아름다움의 궁극적인 목표라 하겠다. 자신의 내면을 살펴 마음을 수양하는 것 역시 차생활과 예술의 공통점이다. 다선일미茶禪一味도 차를 통한 수양을 의미하며, 이때 차는 예술과 마찬가지로 인간에게 내면을 살피고 선의 경지에 도달할 수 있는 매개체가 된다. 결국 차와 예술을 함께 즐겼던 이유는 그것을 통해서 나의 내면을 살피고 선禪의 경지에 도달하기 위함이 아니었을까?

• 일별一瞥

'일별'이란 나를 만나는 몰입의 순간을 의미한다. 수많은 철학과 미학은 결국 나를 만나는 데에 있다. 인간은 '나는 무엇일까?', '나는 누구일까?'라는 질문에 답하기 위해 수많은 시간을 고민했다. 현자들도 하지 못한 답을 여기서 낼 리 만무하지만, 내가 좋아하는 음악과 좋아하는 차를 함께 마셔보자. 나 자신을 만나는 순간이 있을지도 모르니까.

참고문헌

백대웅, 「전통음악에 나타난 한국인의 감성」, 고려대학교 민족문화연구소, 민족
　　문화연구, 1997.

서유석, 「전통예술에서 대중예술로: 청중의 변화를 통해 살펴보는 새로운 방향」,
　　구비문학연구 한국구비문학회, 2016.

윤영숙, 김호연, 「평양기생학교를 통해 본 전통춤 전승 양상」, 무용역사기록학회,
　　무용역사기록학회, 2018.

한영숙. 「일제 강점기 예인들의 사회적 역할과 연주활동」, 한국국악교육연구학
　　회, 국악교육연구, 2007.

평범한
일상 속에서
만나는 '차'

영화 《너의 이름은.》

· 하도겸 ·

고려대학교 문과대학 사학과 학부 출신으로 문학박사를 받았
다. 시사위크 논설위원·건국대학교 겸임교수 등을 역임했으며,
라마스떼코리아 대표 등으로 활동하고 있다. 한국불교신문, 여
성소비자신문, 아주경제 등에 보이차 관련 칼럼을 썼으며, 2022
년 전국차산업문화실태조사를 담당했다. 저서로는 『지금 봐야
할 우리 고대사 삼국유사전-신화를 어떻게 볼 것인가?』, 『산티
데바와 함께 읽는 입보리행론』, 『술술 읽으며 깨쳐 가는 금강
경』 등이 있다. 「올해의 재가불자상」, 「올해의 불교활동가상」,
「여성가족부장관상」 등을 수상한 바 있다. 한국불교태고종 전
법사로 관觀과 꿈 명상(잠 수행), 그리고 다도의 조화에 커다란
관심을 가지고 있다.

너의 이름은.

감독 신카이 마코토, 주연 카미키 류노스케, 카미시라이시 모네

일본, 2016

프롤로그: 영화, 차를 말하다

나이가 들어가면서 젊은이들을 만날 기회가 줄어든다. 사실 만나도 할 이야기도 별로 없다. 꼰대 공포증에 걸린 탓인지, 미움 받을 용기가 없는 것인지 말을 건네는 것조차 어려울 때도 있다. 그냥 차 한잔 하자고 하기에는 너무 먹먹한 시간이 될 것 같아 더욱 그렇다. 그렇다고 그냥 아무런 대화나 시작할 수도 없고, 그런 소통조차도 없이 지내기에는 우리네 사는 인생이 좀 심심하고 아쉽기만 할 따름이다. 조금이라도 젊었던 시절이 생각난다. 우리에게 쓴 조언도 마다하거나 주저하지 않으셨던 우리 선배들의 역할은 물론 우리 부모님 세대가 했던 역할을 우리는 제대로 못하고 있는 것 같다. 정체가 불분명한 'MZ세대'가 좀 많이 어렵고 두렵기 때문이라는 알 수 없는, 그러기에 어쩌면 나중에 후회할 핑계를 대면서 말이다.

물론 스페인 알타미라 동굴 벽화에 가 본 적은 없다. 하지만 그 동굴 벽화 한 구석에는 "요즘 애(젊은이)들은 버릇이 없다"라고 쓰여 있었다는 농담 같은 이야기를 들으면서 자라온 것도 사실이다. 다른 것은 '합리적인 의심'을 하면서도 그 말에 대해서는 굳이 진위를 의심한 적은 한 번도 없었던 것 같다. 왜냐하면 시대를 넘어 세대 간 갈등이나 대화의 어려움은 어쩌면 당연한 것이라고 생각했기 때문이다. 뒤돌아보면, 자신보다 어린 사람들에게 꼰대처럼 버릇을 들먹이는 마초와 같은 일은 자연스럽기까지 했던 시절이었기 때문이다.

지천명의 나이를 지나 이제 다시 세월을 돌이켜보면, 어느 시대든 소위 헤게모니를 쥐고 있는 어른들에게 있어서 젊은이들은 철 없고 모자라게 보인다. 하지만 누구나 언젠가 죽는 것처럼 생로병사를 제대로 체험하는 과정에서 우리는 젊은이들의 시대를 지나쳐 왔다. 맹렬하게 싸우면서 오기도 했지만, 지나고 보면 다 통과의례와 같은 과정이었나 보다. 지나온 것은 다 의미가 있다는 유행가의 가사처럼, 그 나이에 누려야 할 경험 같은 에피소드들이 아닌가도 싶다. 까닭에 비록 "꼰대"라는 소리를 들으면서까지 꼭 해야 할 말이 있는가라는 의구심도 든다. 남의 이야기는 쉽지만 나의 내면의 이야기가 더 중요한 시점이기 때문이다.

"소중한 너! 부디 마음만은 다치지 않기를!"

스스로를 반성하며 돌아보는 신독愼獨의 시간을 가지게 되면 스스로가 정말 뭐가 그리 잘났다고, 굳이 원하지도 않는데 전할 게 있

는지 궁금해진다. 내 생각이 맞는지, 혹시 맞더라도 전하는 게 옳은지, 전한다고 뭐 잘되겠는지 등등 수많은 의문이 꼬리에 꼬리를 문다. 이런 생각만으로도 '미움 받을 용기'는 사라져만 간다.

"괜찮아! 아무리 힘들어도 내가 늘 옆에 있을게!"

하지만 세상을 살아가는 데는 용기도 필요하다. 모든 것이 잘 먹고 잘 살기 위한 것이 아닌가? 그런 까닭에 격려 차원에서라도 위로는 물론 미움 받을 '용기'가 필요하다. 이제는 오히려 젊은이들의 말을 들을 기회를 우리가 가져야 하는 것은 아닐까 싶다. 돈을 주고서라도 들어야 하는데 그건 여의치 못하니, 어쩌면 차 한잔을 내면서 경청할 기회를 갖는 것이 더 가성비가 좋은 것은 아닐지 모르겠다. 대화가 필요한 사람들에게 차 한잔의 여유 같은 그런 시간이 필요하기 때문이다.

기원전 1700년경 수메르 점토판에는 "너의 형을 본받고 너의 동생을 본받아라"라는 말이 있다. 윗세대에게서 일방적으로 배우는 것이 아니라 아랫세대로부터도 배워야 할 것이 많다는 의미로 해석된다. 특히 요즘처럼 변화의 폭이 크고 다양한 시대에서 그런 진취적이고 조화로운 생각을 갖지 않는다면 시대에 뒤처져 도태될 가능성도 크다고 해도 과언은 아닐 듯싶다.

이선희 가수의 '아 옛날이여'라는 노래가사처럼 과거를 추억으로 회상하는 것이야 좋지만 거기에 머물러서는 박물관에 가더라도 전시조차 되지 못한다. 구중궁궐 같은 수장고의 구석탱이에 포장

도 풀지 않는 나무 유물상자에 그냥 보존용으로 존재할 수도 있다. 그마저도 용도가 사라지면 부패하기도 전에 이미 사람들의 머릿속에서 희미해지고 퇴색되어 기억조차 남지 않을 수 있다.

이렇게 주절주절 말을 하는 것은 바로 '소통'을 넘은 '대화'가 필요한 시대라는 점을 강조하고 싶기 때문이다. 소통은 고인 물이 뜨임을 이야기하지만 대화는 쌍방 간의 흐름이다. 그리고 그런 대화를 가장 효과적으로 할 수 있는 시간과 공간, 나아가 의미를 주는 것이 바로 '차'가 아닐까 싶다.

요즘 차 박람회를 가보면 이전보다 북적거리는 것을 느낄 수 있다. 참가업체도 많아졌지만, 그보다 즐거운 것은 젊은 참여자들의 모습이 눈에 띄게 많아진 점이다. 커피나 인스턴트를 멀리하고 다이어트도 하고 싶은 요구가 커진 때문이든지, 아니면 차문화나 역사에 대한 관심이 많아진 탓일 수도 있다. 여하튼 우리 젊은이들이 차에 눈을 돌리기 시작한 것만으로도 매우 고무적인 현상으로 받아들이고 싶다. 여기저기에 참한 찻집이나 Tea Cafe가 늘고 있고, 다양한 차를 만드는 사람들이 나타나고 있다. 그런 집들을 찾아가는 젊은이들이 점차 늘고 있어 여간 고무적이 아닐 수 없다.

이런 현상이 보다 확대되어 많은 젊은이들과 자연스럽게 차를 나누고 싶은 장년과 노년의 사람들도 늘어나야 할 것 같다. 차 한잔을 마시며 때로는 말없이 여유를 즐기고 그들의 말을 듣고 싶다. 아니 경청하고 싶다. 혹시라도 원하면, 필자의 경험담도 한마디 전할 수 있으면 좋겠지만 꼭 그럴 필요도 없다.

'전법일구 승어사시(傳法一句 勝於沙施)'라는 말이 있다. 가르침 한마디를 전하는 것이 갠지스강의 모래보다 많은 보시를 하는 것보다 낫다는 뜻이다. 비단 부처님 말씀 한마디가 아니라 도움을 원하는 또는 필요한 젊은이들의 성장에 좋은 영향을 주거나 좋은 동기를 불러일으킬 수 있다면 그것이 모두 부처님 가르침에 버금가는 선한 가르침이다.

그렇기에 어떻게 하면 보다 많은 젊은 사람들이 '차'에 관심을 가지게 할 수 있을까를 고민했다. 그 고민의 결과, 적지 않은 미디어 가운데 특히 영화를 주목하게 되었다. 세대를 넘어 누구나 좋아할 수 있는 마중물 또는 매개고리인 영화를 통해 차의 시간을 가지게 하고 싶다. 그래서 『영화, 차를 말하다』*라는 책을 기획하기에 이르

---

* '차는 무엇이고, 우리는 왜 차를 마시는가?'라는 주제로 서은미, 문기영, 김세리, 김경미, 김용재, 노근숙, 노정아, 양홍식, 윤혜진, 임진선, 최원석, 홍소진, 하도겸 등 13인의 차 전문가들이 13편(《와호장룡》《다운튼 애비》《역린》《경주》《자산어보》《리큐에게 물어라》《앙: 단팥 인생 이야기》《센과 치히로의 행방불명》《마담 프루스트의 비밀정원》《세상의 끝에서 커피 한 잔》《협녀, 칼의 기억》《천년학》《일일시호일》)의 영화를 통해, 차와 관련된 다양한 주제의 이야기를 들려준다. 차의 이모저모를 가볍고 재미있게, 그러면서도 깊이 있게 담아내려고 노력하였다. 여기에 실린 내용은 나마스떼코리아 유튜브 채널을

렀다.

영화 속의 차 이야기 또는 영화의 소재로 사용된 차가 우리에게 무엇을 말하고자 했는지에 대한 이야기를 편하게 나누는 것이 이 책의 기획의도이다. 그런 나눔 속에 우리는 새롭게 서로를 이해하게 되고 또 갈등을 넘을 수 있을지도 모르겠다. 맑고 향기로운 차를 통해 세대 간의 조화를 이루는 행복의 길을 걸었으면 한다. 그것이 석가모니 부처님이 이 땅에 나투신 의미일지도 모르겠다.

금권주의 사회에서 나만을 위한 삶은 인간의 관계에 정말 큰 악영향을 끼친다. 나 혼자 행복하기 위해 다른 사람을 괴롭히는 것을 당연시하는 사회는 어쩌면 욕심을 채우기 위한 나 혼자만의 커피나 술도 한 원인이 아닐까 싶다.

그냥 함께 나누는 차의 시간 가운데 그냥 맘 편히 쉬어 갔으면 좋겠다. 그렇게 이 차 한 잔으로 당신이 행복했으면 좋겠다는 생각으로 차를 우려 빈 잔을 채워주면서 젊은이들에게 미소를 선사하고 싶다. 잠시라도 세상살이의 어려운 짐을 내려놓고 갔으면 좋겠다. 언젠가 시간이 나면 허물없이 찾아와 차 한잔 달라는 젊은 친구들이 있었으면 나도 행복하겠다. 아무쪼록 『영화, 차를 말하다』라는 책을 보다 많은 젊은이(중생)들이 읽어서 영화처럼 우리 차를 사랑해줬으면 좋겠다. 그렇게 스스로를 사랑하고 더 행복해졌으면 좋겠다.*

비롯하여 동북아NPO센터 2곳에 공개강연식으로 업로드되어 있다.
* 프롤로그는 다음 글을 수정 편집한 것이다. 하도겸. 「영화, 차를 말하다」, 『청암』 통권 106호(불기 2564년 여름호), 청암사승가대학, 2022. 7.

일일시호일

첫 번째 『영화, 차를 말하다』 1집에서 필자가 고른 영화는 《일일시호일》이었다. 일일日日이라는 말은 매일이고 일상이다. 삶은 고난스럽지만 매일 좋은 날처럼 여기고 살라는 뜻으로 이해했다. 삶의 애환 속에서 소소한 행복을 찾는 '행복사냥'의 도구가 바로 차라는 뜻으로 이해했기 때문이다.

"따스한 찻물이 그녀의 매일매일을 채우기 시작한다"라는 멘트로 시작하는 《일일시호일》은, 다도를 배우게 되면서 일상의 소중함을 깨달아가는, 그야말로 차와 차인에 대한 이야기를 담고 있는 차 영화라고 할 수 있다. 제목인 '일일시호일'은 중국 선사인 운문문언의 화두이다. 저자는 이렇듯 영화 속 두 개의 코드, 즉 차와 화두를 얼기설기 엮어 녹여내고 있다. "같은 사람들이 여러 번 차를 마셔도 같은 날은 다시 오지 않아요. 생애 단 한 번이다, 생각하고 임해주세요"라는 영화 속 대사처럼, 단 한 번뿐인 이 순간, 이 만남, 이 인연을 귀하게 여기는 것, 이것이야말로 삶을 가치 있고 행복하게

사는 것이라고 말한다. 그리고 여기에 '차'는 귀중한 매개체이다.[*]
즉 차 한잔이 인생을 풍요롭고 아름답게 해줄 수 있다는 결론이다.

이와 같이, 일일시호일은 일기일회一期一會 등의 선불교의 주요
화두와도 바로 연결되는 또 하나의 화두로서 결국 차와 선이 같은
길을 간다는 '선차일미(禪茶一味)'로 귀결된다. 불교에서 깨달음으
로 가는 가장 큰 수행체계 가운데 하나가 참선인데, 그것이 차도와
다르지 않다는 것을 말해준다. 그리고 불교의 가장 큰 교리는 바로
인연과 윤회가 아닌가 싶다. 그런 이유로 일일시호일의 다음 영화
로《너의 이름은.》을 선택했다.

개봉과 흥행![**]

"아직 만난 적 없는 너를, 찾고 있어. 천년 만에 다가오는 혜성
기적이 시작된다. 도쿄에 사는 소년 '타키'와 시골에 사는 소녀
'미츠하'는 서로의 몸이 뒤바뀌는 신기한 꿈을 꾼다. 낯선 가족,
낯선 친구들, 낯선 풍경들… 반복되는 꿈과 흘러가는 시간 속,
마침내 깨닫는다. 우리, 서로 뒤바뀐 거야? 절대 만날 리 없는 두
사람 반드시 만나야 하는 운명이 된다. 서로에게 남긴 메모를 확
인하며 점점 친구가 되어가는 '타키'와 '미츠하'. 언제부턴가 더

---

[*]   이능화, 「영화, 차를 말하다-서은미, 양홍식, 김세리 외 10인」, 『차와문화』,
      2022. 4. 1.
[**] 이 영화에 대한 자세한 정보는 나무위키(https://namu.wiki/)와 네이버 영화
      정보를 주로 참조하였다.

이상 몸이 바뀌지 않자 자신들이 특별하게 이어져 있었음을 깨
달은 '타키'는 '미츠하'를 만나러 가는데… 잊고 싶지 않은 사람
잊으면 안 되는 사람 너의 이름은?"

이와 같은 캐치프레이즈로 시작되는 보도자료 등을 보면, 몸이
뒤바뀐 소년과 소녀의 판타지가 혜성의 폭발과 함께 클라이맥스까
지 격정적으로 치닫는다. 세월호 사건의 영향을 받았다는 신카이
감독의 말처럼, 자연재해나 인재로 인한 파괴에 대한 인간의 치유
노력의 대결양상을 보여주는 거대한 서사시와 같은 인간극이다.
그렇게 '인생 영화'가 될 법한 이 애니메이션은 일본뿐만 아니라 한
국 관객들에게도 커다란 감동을 안겨주게 된다.
　2016년 8월 26일에 일본에서 개봉된 신카이 마코토 감독의 《너
의 이름은.》은 우리나라에서는 2017년 1월 4일에 개봉되었다. 카
미키 류노스케, 카미시라이시 모네 등이 더빙에 참여했고 우리나
라에서는 지창욱, 김소현 등이 그 자리를 대신했다. 네이버 영화정
보에 나온 평점 정보를 보면, 관람객 평점 9.02, 네티즌 평점 8.79
로 낮지 않은 점수를 기록했다. 총 누적 관객수 3,733,855명을 기

영화《너의 이름은.》포스터

록한 106분 분량의 일본 애니메이션의 이 영화는 2018년 1월 4일
에 재개봉되기도 하였다.

《너의 이름은.》은 일본이나 우리나라뿐만 아니라 대만, 중국, 태
국, 홍콩 등의 아시아 5개국에서 흥행 신드롬을 일으켰다. 흥행과
비평이라는 두 마리 토끼를 모두 잡은 작품으로 개봉과 동시에 전
체 박스 오피스 1위, 일본 12주간 박스 오피스 1위를 기록하기도
하였다. 그 결과, 40회 일본 아카데미상(우수 각본상, 우수 음악상),
42회 LA 비평가 협회상(애니메이션상), 18회 부천국제애니메이션페
스티벌〔본상-우수상(장편), 본상-관객상(장편)〕, 49회 시체스영화
제(최우수애니상) 등에서 수상했다.

《너의 이름은.》의 신카이 마코토 감독은 일본의 전통문화와 사춘
기 소년 소녀의 판타지를 결합해 3·11 동일본 대지진을 겪은 일본
인들을 치유해주는 희망을 주었다고 평가되고 있다. 특히, 일본에
서 1,500만의 관객수를 기록하고, 역대 박스오피스 4위 기록을 세

우며 신카이 마코토 감독에게 '포스트 미야자키 하야오'*라는 칭호
를 남긴 작품으로도 유명하다.

신카이 감독

미야자키 하야오 감독이 쌓은 일본 애니메이션계의 계승자로도 불
리는 신카이 마코토(新海誠, Makoto Shinkai) 감독은 이제는 명실상
부한 일본 애니메이션 영화계의 거장이라 할 수 있다. 빛의 마술사
라고도 불리는 신카이 감독은 영화《그녀와 그녀의 고양이》를 시
작으로《별의 목소리》,《구름의 저편, 약속의 장소》,《초속 5센티미
터》,《별을 쫓는 아이》,《언어의 정원》,《날씨의 아이》등 무한한 상
상력이 돋보이는 작품들을 제작했다. 아름다운 색채로 그려지는,

---

* 　미야자키 하야오(みやざきはやお, 宮崎駿, Miyazaki Hayao)는 일본 애니메이
　션 최고의 감독으로 1978년 애니메이션《미래 소년 코난》감독으로 데뷔했
　으며, 2015년 제87회 아카데미 시상식 공로상을 수상했다. 1985년에는 스
　튜디오 지브리를 설립했으며《모노노께히메》,《이웃집 토토로》등의 명작을
　만든 세계적인 감독이다.

스쳐 지나가는 남녀의 이야기를 정교한 배경묘사와 섬세한 언어로 풀어내는 "신카이 월드"는 세대나 업계, 국내외를 불문하고 큰 자극과 영향을 미치고 있다고 전했다.

《너의 이름은.》은 군상극 형식으로 각 캐릭터들 간의 내면을 중점적으로 다루며, 주변 인물들과의 관계에서의 심적 갈등 혹은 그 인물들이 가진 생각 등을 상세하게 묘사하고 있는 편이다. 예를 들어 《너의 이름은.》에서 아주 짧게 등장하지만, 미츠하가 타키의 몸에 들어갔을 때 화장실로 향할 때의 상황이나 마음을 상세히 묘사한 것으로 평가되고 있다.

그런 모습은 정지 컷을 많이 쓰고 채색 및 촬영 과정에서 그래픽 툴을 이용하여 전부 디지털 그래픽으로 해버리는 그의 작화기술에도 반영된 것으로 보인다. 움직임과 작화기술 등을 중요시 하는 애니메이터들 입장에서는 신카이의 작화를 낮게 평가하는 원인을 제공하는 점이기도 하다. 하지만 신카이의 작품들은 움직임보다는 정지 화면을 얼마나 아름답게 표현하느냐가 주요 핵심이 된다고 하니, 앞서 하나의 장면에서 매우 효과적으로 관객에게 주인공의 '메시지'를 전달하며 함께 공감하게 만드는 것으로 이해하고 싶다.

신카이 마코토가 그리는 세계는 일본 젊은이들의 심상풍경 그대로를 담은 듯 보인다. 과학의 진보, 미래에 대한 기대와 불안, 과거에 대한 그리움, 만화나 애니메이션에서 활약하는 히어로들, 아름다운 남녀의 사랑 이야기, 그러한 픽션에 공감하고 동조하고, 마치 자신의 이야기라고 착각하다가 현실을 보면, 거울 속을

들여다보면, 그곳에는 "얘는 누구지?"라고 말하는 자신이 있다. 도시 안에서 고립되어 닫혀버리기 쉬운 마음은 이제는 픽션이라는 영양제 없이는 살아갈 수 없게 되었다. 그런 현대의 일본 젊은이들의 심상풍경 그 자체를 그는 재현하려 하고 있다. 그의 작품을 볼 때마다 그런 생각을 한다. 애니메이션이라는 붓과 언어로 현대를 그리는 화가이자 시인. 그것이 내가 인식하고 있는 신카이 마코토이다.

이와 같이 우리에게 잘 알려진 영화《러브레터》의 감독 이와이 슌지는 신카이 감독에 대해 평가한다. 시인이며 화가인 신카이 감독은 일본은 물론 한국 젊은이들까지 공유하는 상상력을 그대로 애니메이션으로 영상화한다고 평가할 수 있다. 강남 가로수길에 별장을 가지고 있는 그가 방한 시 인터뷰에서 우리나라의 젊은이들의 생각에 깊은 관심을 표명하고 발언하는 것으로 충분히 알 수 있다.

2017년《너의 이름은.》GV 때 한국 기업 PPL 문제에 대해서 한국 기업들이 자기한테 연락을 해주지 않아서 PPL을 못 넣는다고 밝힌 바 있다. 나아가 "삼성이 애니메이션에 투자해주면 갤럭시가 등장하지 않을까요?"라고 말한 적도 있는데, 그의 대중에 대한 관심은 순수하게만 볼 수 없는 부분도 없지 않다. 다만, "꿩을 잡아야 매"라는 속담에서 알 수 있듯이 MZ세대를 비롯한 요즘 젊은이들의 심상을 꿰뚫고 있는 그가 일본 나아가 불교적인 인연법을 어떻게 영화에서 재난 속의 사랑으로 풀어내는지 그리고 그 가운데 '차'는 어떤 역할을 위한 소재로 등장하는지 궁금해진다.

일본의 차

한국과 중국 그리고 일본 동양3국의 차는 불교와 깊은 관계를 가지고 있었다. 고대 동북아에서 대립을 계속하던 3국이 그나마 공존할 수 있었던 것은 불교의 역할이 컸다. 여러 의례 때에 부처님께 올리는 중요 공양물* 가운데 하나인 차는 선불교에서는 참선參

---

* 육법공양六法供養, 즉 불교에서 부처님께 바치는 대표적인 공양물인 향·등·꽃·과일·차·쌀 등 여섯 가지를 말한다. 향은 해탈향解脫香이라고 해서 해탈을 의미하는데, 자신을 태워 주위를 맑게 하므로 희생을 뜻하기도 하고 화합과 공덕을 상징하기도 한다. 등은 반야등般若燈이라고 하며, 지혜와 희생·광명·찬탄을 상징한다. 꽃은 만행화萬行花로서 꽃을 피우기 위해 인고의 세월을 견딘다고 해서 수행을 뜻하며, 장엄·찬탄을 상징하기도 한다. 과일은 보리과菩提果로, 깨달음을 상징한다. 차는 감로다甘露茶라고 해서 부처의 법문이 만족스럽고 청량하다는 것을 상징한다. 마지막으로 쌀은 선열미禪悅米로서 기쁨과 환희를 상징한다. 특히 차를 올리는 때에는 '아금청정수我今淸淨水 변위감로차變爲甘露茶 봉헌삼보전奉獻三寶前 원수애납수願垂哀納受'(우리가 이제 깨끗하고 맑은 물로서 달고 단 이슬 같은 차를 만들어 부처님, 부처님의 법, 부

146

禪 수행하는 스님들의 정신을 맑게 하는 수행의 도구로서도 큰 역할을 했다.*

일본의 음차飮茶에 관한 첫 기록으로는, 815년 사가(嵯峨)천황(809~822)이 범역사梵譯寺 승 에이츄(永忠)로부터 전차煎茶를 대접받았다는 기록이 있다. 이로부터 차의 재배가 시작되었다고도 하고, 804년 귀국한 최징最澄과 공해空海 등이 시초라는 설도 있다. 하지만 9세기에 일본 차문화가 시작되었다는 것은 변함없는 사실로 받아들여지고 있다.

12세기 초에 에이사이(榮西)가 원오극근圓悟克勤 선사에게서 '다선일미茶禪一味'라고 쓴 친필 휘호를 받아 일본으로 돌아와 다선일미의 다풍을 일으키게 된다. 송宋의 말차抹茶 취미를 전하며, 『끽차양생기喫茶養生記(킥사요죠키)』를 지어 차가 건강에 좋은 선약임을

<hr />

처님이 될 제자라는 세 가지 보물 앞에 올려서 바치오니 어여삐 여기시고 받아주십시오)라는 다게茶偈를 외운다.

* 이진수, 서유선, 『일본다도의 이해』, 이른아침, 2013.; 정성복, 김명희, 『선과다도』, 민족사, 2014.

강조하기도 하였다. 하지만 다도보다는 막부, 즉 무사 사회의 오락으로서 투차鬪茶모임 등이 유행하였으며, 차의 정신보다는 기물에 큰 관심이 모였다.

교토 다이토쿠지(大德寺)의 승려인 무라타 주코(村田珠光, 1423~1502)*는 소박한 차생활을 지향하고** 초암과 그에 맞는 다기를 선호하는 차노유(茶の湯)를 창시한다. 차실은 손님을 편안하게 맞이하면 되는 곳으로 니지리구치(躙口, 몸을 굽혀야 들어갈 수 있는 작은 문)를 들어가게 하였다. 그 순간 차인들은 세속의 인연을 끊고 차의 세계로 들어가게 되며,*** 사회적인 지위, 명예, 부귀 등을 버려야 한다는 암묵적인 통과의례나 의식으로 보인다.****

이후 한적한 가운데 소박하고 차분한 멋을 느끼는 '와비차(わび茶)를 창시한 다케노조오(武野紹鷗,1502~1555)는 4조반 형태의 다다미로 된 작은 다실을 고안했으며, 소박한 다구들에서도 참다운 아름다움을 찾으려고 하였다.***** 16세기 후반 그들의 다풍茶風을 이은 센노리큐(千利休, 1522~1591)는 와비를 눈에 보이는 것이 아닌, 꾸밈없는 자연스러움만으로도 아름다움을 느낄 수 있는 마음을 중

---

* 堀内宗心,「茶事について」, 茶道学大系, 東京: 淡交社, 1999.
** 이진미,「일본 다도구에 나타난 미의식 연구」, 원광대 석사학위논문, 2010.
*** 센겐시쓰,『일본다도의 정신』, 시사출판, 2008. ; 최영재,「한일 양국 차문화에 나타난 미의식 고찰」, 전북대학교 석사학위논문, 2004.
**** 김세리, 조미라,『차의 시간을 걷다』, 열린세상, 2021, 220쪽.
*****조영란,「다도의 와비 일 고찰」, 중앙대학교 석사학위논문, 1998. ; 박전열, 『남방록 연구』, (사)한국차인연합회, 2013. ; 레너드 코렌,『와비사비』, 안그라픽스, 2019.

요시하는 다도茶道로 발전시켰다.* 18세기 전반 에도시대에 들어 차를 모든 계층의 사람들이 즐기게 되었고, 곳곳에 다실茶室이 생겨났다.

일본의 차 가운데 전차(煎茶, 센차)는 찻잎을 따서 바로 증기로 찐 다음, 뜨거운 바람으로 말리면서 손으로 비벼서 가늘고 길게 만든 차이다. 일본에서 유통되는 차 물량 중에 85%를 차지하는 전차는 일본을 대표하는 잎 녹차로 식사 전후에 마신다. 말차는 햇차의 새싹이 올라올 무렵 약 20일간 햇빛을 차단한 차밭에서 재배한 찻잎을 증기로 쪄서 만든 연차(碾茶, 덴차)를 차맷돌로 갈아 2~3미크론 크기의 미세한 분말로 만든 차다. 말차는 찻잎이 지닌 성분을 모두 섭취할 수 있다는 특징이 있다.

센노리큐에 의해 완성되고 발전되어 온 일본의 다도 그리고 전차와 말차는 일본의 차생활 문화의 중심이 되었다. 생로병사 가운데 일본인은 차를 자연스럽게 접하게 되었고, 어쩌면 차는 오래전

---

* 박미기, 「남방록에 나타난 일본의 다도정신 고찰」, 고려대학교 석사학위논문, 2007, 41쪽.

부터 일본인의 일상이 되어 버린 것은 아닐까 싶다.* 앞선 책에서 소개한 《일일시호일》의 일상 역시 이런 의미에서 해석될 수 있을 것이다.

일상의 차가 가지고 있는 수많은 상징적인 은유와 복선으로서의 메타포 가운데 애니메이션 《너의 이름은.》은 무엇을 선택했을까? 애니메이션 속에서 차는 있는 그대로의 평범한 일상을 보여준다. 그 평범함을 상징하는, 어쩌면 가장 평범한 소재가 '차'가 아닌가 싶다. 바로 애니메이션 《너의 이름은.》 가운데 차, 나아가 일본에서의 '차'는 그런 의미가 있는 것이 아닐까 싶다. 결국 차는 일상이며 평범함 그 자체라고 할 수 있다. 이것을 불교적으로 해석하면 바로 '평상심'이 아닐까 싶다. 힘들고 어려울 때 비록 위태롭더라도 '평상심'을 회복하고 지키는 것이 무엇보다도 중요한 일이라고 생각한다. 늘 자연스럽게, 무리 없이 지내는 것이 차노유의 정신이다.** 그리고 그런 정신이 애니메이션 《너의 이름은.》에서는 어떻게 표현되었는지 살펴볼 차례이다.

차와 불교 그리고 차연

사람을 보는 방법은 여러 가지이다. 그의 마음이나 외양을 보면 안다는 사람도 있다. 하지만 그전에 왜 보려고 하는지, 뭘 알려고 하

---

* 김경애, 「일본 '와비차'의 성립과 전개」, 계명대학교 석사학위논문, 2005, 41쪽.

** 이토 고칸, 『차와 선』, 산지니, 2016, 101쪽.

는지를 스스로 뒤돌아봐야 한다고 차명상 전문가들은 말한다. 마음에 어떤 것이 일어났기에 그런지를 고요하게 바라봐야 한다. 평상심을 해치는 욕심이라는 것이 그렇다. 이 욕심 어쩌면 사심이라고 하는 것은 삶의 원동력이기도 하다. 그렇기에 고통의 원인도 된다. '호기심好奇心'도 예외는 아닐 듯하다. 호기심이란 '새롭고 신기한 것을 좋아하거나 모르는 것을 알고 싶어 하는 마음'이라고 한다. 왜 알고 싶은 걸까? 우리는 왜 차, 특히 보이차를 알고 싶은 걸까?

차를 우리면서 '많이 알면 뭐하는가? 알아서 뭐하겠는가? 왜 알려고 하는가?'라며 생각을 내린다. 그렇게 조금씩 전도된 꿈과 같은 생각인 '전도몽상顛倒夢想'을 고요하게 가라앉혀 평상심으로 돌아간다. 그렇게 차를 알고 싶은 마음이 마치 샘처럼 솟는다면, 그건 단순한 지적 호기심이 아니라는 것을 확인하는 지속적인 통과의례가 필요하다. 이런 과정을 반복하는 것이 고집멸도의 사성제의 길은 아닐까? 끝없는 고통의 원인을 찾아 해결해 가는 과정이 연기고 다 사라지게 하는 게 해탈인가?

혹시 차를 알고 싶었던 것이 '욕심'이라는 이름의 호기심이 아니라면 또 다른 무엇일까? 혹시 내가 아닌 '차'가 먼저 내게 손짓한 것을 내가 못 알아차린 것은 아닐까? 그렇게 내가 아니라 '차'가 먼저 나를 알고 싶었던 것은 아닐까? 이렇게나마 엉뚱하지만 초보적인 물아일체적인 발상의 전환이 필요한 것은 아닐까? 차는 원래 있었다. 왜 지금에 와서야 알고 싶은 걸까? 이제야 차와 만날 '시절인연'이 무르익은 것은 아닐까?

  김춘수의 〈꽃〉을 말하지 않아도 이미 내게 '의미'가 되어 다가온 차를 나도 모르게 이미 내가 받아들였다. 그렇게 부지불식간에 차는 이미 내게 와서 내가 되어 있었다. 이걸 세월이라는 몸으로 알아가는 것이 생활선인가? 오늘도 난 겸허하게 '차'와의 오래된 만남을 기뻐한다. 그렇게 보이차는 숙세의 친구처럼 내게 다시 다가왔다. 나를 돌아보는 시간을 가지며, 보다 나다운 때에 그(차)를 만나 기쁘기 그지없다. 정말 반가운 재회다. 그래서 '차 마시자!'고 권했나 보다.

  자존감을 확인하면서도 겸허함을 잃지 않은 그런 초심으로 '일기일회'하듯 간절하게 진실되게 차를 대한다. 아니 그렇게 나를 대한다. 이미 내게 들어온 차는 나의 일부이면서 전부로 펴져 자연을 바라보게 한다. 하늘(天)의 태양(日陽)을 받아들인 사람(人)과 같은 차나무의 커다란 잎사귀들(木)은 그렇게 따스함(火)를 내린다. 땅속(地)을 흐르는 물(水)을 받아들여 올리며 차는 드디어 스스로 젖이 된다. 차가운 기운을 올라가게 하고 뜨거운 기운은 내려가게 하면 건강하다고 한다. 그런 수승화강水昇火降을 하는 차나무가 바로 우리다.

차나무에게 대지를 적시는 비는 하늘에서 내린 젖(天乳)이다. 인간이 심은 재배종 차나무는 하늘이 낳은 인간에 대한 고마움으로 두 팔을 벌려 하늘을 칭송한다. 그리고 무념무상을 실천하는 무심한 하늘과 대지를 대신해서 하늘(양)과 땅(음)이 잉태한 우리 인간에게 감사함을 전한다. 그런 감사함으로 물과 불을 조화롭게 받아들여 만들어 낸 것이 바로 지유地乳다. 이렇게 보이차가 마침내 우리 몸 안으로 들어온 것이다. 하늘과 땅을 대신해서 이런 감로차를 마시게 된 우리는 차의 희생에 미안하다. 그 은혜를 갚을 길이 없어 차와 같이 하늘과 땅이 아닌 '인간'에게 감사를 전한다.

이렇게 세상을 해롭게 하는 독이 아닌, 젖을 만들어 세상을 이롭게 해야 한다. 이게 귀중한 벗인 차의 희생에 대한 보은이며 '홍익인간'의 사명이다. 부처님이 태어나면서 외친 "천상천하유아독존天上天下唯我獨尊 삼계개고아당안지三界皆苦我當安之"라는 중생구제는 다른 이가 아닌 바로 나의 일이다. 마고성의 사람들을 먹여 살렸던 지유地乳는 그렇게 오래된 미래를 위해 잠시 자취를 감췄나 보다. 그리고 차라는 이름으로 내 앞에 모습을 다시 드러냈다.

오래전부터 차와 나는 서로를 애틋이 사랑하며, '천 년' 아니 '만 년'의 약속을 말없이 했나 보다. 오래된 미래가 되어야 할 오늘 우린 다시 만났다. 오랜 병상생활로 움직이지 못하는 늙은 아내를 목욕시키는 남편처럼, 나는 정성스럽게 귀찮은 기색을 내지 않고 차와 마주한다. 적당한 온도의 물과 차의 맛을 발휘할 수 있는 다구를 준비하여 부드러운 수건처럼 따뜻한 물로 차를 목욕시킨다.

차엽 구석구석 모든 곳에 공기가 만들어 놓은 길을 따라 들어간 물로 충분히 적신 후 서서히 차의 맛과 향이 맘껏 자태를 드러내는 시기를 기대한다. 내가 차라도 이런 최고 아니 최선의 맛과 향을 낸다면 기꺼이 희생할 수 있는 그때를 기다린다. 그렇게 차를 우린다. 아니 차가 나를 우린다. 맑고 밝아서 아름답기까지 한 그 맛과 향을 온몸과 마음으로 느꼈는가? 한바탕 너와 나를 잊은 그런 사랑을 한 연인처럼 어느덧 온몸의 모공이 열리며 긴 호흡으로 팽창해진 폐 안으로 들어온 세상과 교류하는 자신을 서서히 드러내게 한다. 그렇게 물아일체의 조화로운 '차예茶睿'가 끝나면 나는 '차호'를 중생의 아픔을 어루만지듯 닦는다.

지초와 난초의 향기로운 사귐처럼 나와 차는 그런 지란지교도 꿈꾼다. 차는 내게 '지란지교'를 말로만 떠들지 말고 실천하라고 한다. 처음부터 '차'는 내게 '나태하게 살지 말라'고 무언의 암시를 했나보다. 아둔한 내가 몰랐을 뿐 차는 처음 만남처럼 그렇게 처음부터 오직 '지행합일'을 말했나보다. 지행합일도 못하면서 물아일체니 떠든 나를 더욱 부끄럽게 한다.

뭔가 아직도 더 알고 싶은가? 그럼 모든 문제는 스스로 직접 풀어야 한다. 스스로에게 이미 답은 주어져 있다. 결자해지다. 다만, 못 찾고 방황할 따름이다. 그런데도 남에게 그걸 묻는다면 옛 선사들처럼 몽둥이찜질이 최고의 약이다. 그런데도 차는 우리를 후려친 적이 없다.

특히, 차 가운데 긴압을 마친 보이차는 한껏 제 맛을 내기 위해 30여 년 이상 모든 균을 다 받아들인다. 실개천이 모든 물을 받아들여 결국 바다로 가듯이 차 역시 세상을 받아들인다. 보이차는 자신을 아프게 할지도 모르는 모든 균과 미생물을 다 받아들인다. 그리고 시간을 들여 그들을 조화롭게 한다. 균형이 잡힌 다섯 가지 맛의 장인은 시간을 아까워하지 않으며 그 풍미를 더해간다. 다 받아들인 그 자리에 이미 미생물이나 균이라는 이름은 없다. 없어진 것은 아니지만 있는 것도 아니다. 그냥 오직 차만 우뚝 서 있다. 부처님이 그랬듯이 우리도 그렇게 우뚝 서서 세상을 밝힐 수 있기를 서원할 따름이다. 자등명自燈明 법등명法燈明이다. 차가 법이다. 우리가 등이 되어야 할 따름이다.* 그리고 그 과정에는 늘 차가 함께하고 있다. 우리네 일상 속에 늘 차가 있는 그런 차인의 삶을 살게 된다면 우리는 그것을 차연茶緣이라고 할 것이다.

줄거리와 명대사

아직 만난 적 없는 너를, 찾고 있어. 천 년 만에 다가오는 혜성, 기적이 시작된다. 도쿄에 사는 소년 '타키'와 시골에 사는 소녀 '미츠하'는 서로의 몸이 뒤바뀌는 신기한 꿈을 꾼다. 낯선 가족, 낯선 친구들, 낯선 풍경들, 반복되는 꿈과 흘러가는 시간 속, 마침내 깨닫는다. 우리, 서로 뒤바뀐 거야? 절대 만날 리 없는 두 사람. 반드시 만나야 하는 운명이 된다. 서로에게 남긴 메모를 확인하며 점점 친구가 되어가는 '타키'와 '미츠하'. 언제부턴가

---

* 하도겸, 차가 법法이다, 미디어붓다, 2014. 11. 26.

더 이상 몸이 바뀌지 않자 자신들이 특별하게 이어져 있었음을 깨달은 '타키'는 '미츠하'를 만나러 가는데. "잊고 싶지 않은 사람. 잊으면 안 되는 사람. 너의 이름은?"

보도자료와 인터넷을 달군 애니메이션《너의 이름은.》에 대한 소개 글이다. 남녀 간의 사랑을 인연으로 설명하고 나아가 그런 로맨스를 현대사회에 맞게 애절한 말로 각색해 놓았다. 어떻게 보면 '피천득의 『인연』의 일본판이 아닐까?'라는 생각마저 들게 한다.

넌… 누구였지? 난 왜 여기에 온 거지? 그 녀석을… 그 녀석을 만나러 왔어. 구하기 위해 왔어. 살아있어 줬으면 좋겠어. 누구야. 누구? 누굴 만나러 왔지? 소중한 사람, 잊고 싶지 않은 사람, 잊어버리면 안 되는 사람. 누구야? 누구였지? 누구야… 누구야! 이름은…!

우리에게는 누구나 "소중한 사람, 잊어선 안 되는 사람, 잊고 싶지 않았던 사람"이 있다. 그리고 잊어버린 사람도 있다. 불교에서 말하는 윤회의 길에서는 망각의 강을 건너야 저승에서 이승으로 올 수가 있다. 전생의 기억을 우리는 정말 기억할 수 있을까? 과학적으로 증명되지 않은 이런 '전생'에 대해서 애니메이션《너의 이름은.》은 몇 개의 명대사를 통해서 관객들을 아

무런 의심 없이 전생, 나아가 윤회의 세계로 끌어들였다.

"우리… 혹시 전에 만난 적 있지 않나요? 우리 서로 이름 잊지
않도록 적어두자! 이 말을 하고 싶었어. 네가 이 세상 어디에 있
건 꼭 다시 만나러 갈 거라고."

이런 대사를 들으면 누구나 '나도 이 세상에 누군가를 만나러 온
것은 아닐까'라고 생각하게 된다. 불보살처럼 깨침을 얻기 위해서
도 아니고 중생을 위해서도 아니다. 어쩌면 불교가 아닌, 보다 원초
적인 힌두교적인 사고일지도 모르겠다. 하지만, 우리는 한 번도 본
적 없었을 사람이나 장소가 왠지 낯설지 않음에 가슴을 두근거리
게 된다. 이곳은 전생에 내가 살았던 곳일까? 어쩌면 이 사람은 내
가 사랑했던 그 사람이 아닐까?

한 달 후, 천 년 만에 찾아온다는 혜성을 기다리고 있는 일본. 산
골 깊은 시골 마을에 살고 있는 여고생 미츠하는 우울한 나날을
보내고 있다. 촌장인 아버지의 선거활동과 신사 집안의 낡은 풍
습. 좁고 작은 마을에서는 주위의 시선이 너무나도 신경 쓰이는
나이인 만큼 도시를 향한 동경심은 커지기만 한다.
"다음 생은 도쿄의 잘생긴 남자로 태어나게 해주세요__!!"
그러던 어느 날, 자신이 남자가 되는 꿈을 꾼다. 낯선 방, 처음 보
는 얼굴의 친구들, 눈앞에 펼쳐지는 것은 도쿄의 거리. 당황하면
서도 꿈에 그리던 도시에서의 생활을 마음껏 즐기는 미츠하. 한

편, 도쿄에서 살고 있는 남고생 타키도 이상한 꿈을 꾼다. 가본 적 없는 깊은 산속의 마을에서 여고생이 된 것이다. 반복되는 신기한 꿈. 그리고 자신이 인지하고 있는 기억과 시간에서 느끼는 위화감. 이윽고, 두 사람은 깨닫는다.

"우리, 서로 몸이 바뀐 거야?!"

바뀐 몸과 생활에 놀라면서도 그 현실을 조금씩 받아들이는 타키와 미츠하. 만난 적 없는 두 사람의 만남. 운명의 톱니바퀴가, 지금 움직이기 시작한다.[*]

이토모리정에 있는 신사의 무녀인 미츠하는 여느 여고생처럼 도쿄에 사는 훈남과 만나기를 기대한다. 일본의 신도는, 정확하다고 할 수는 없지만 우리 토착종교인 무당이 조직화된 종교라고 할 수 있다. 의례와 의식을 고도화시킨 신도의 사원 격이 신사이며, 그 신사의 사람들은 가족단위로 세습을 이어간다. 세습무와 같은 형태이지만, 신내림을 받기보다는 국가적인 종교의 인증을 받은 것이라고 할 수 있다. 태어나면 신사로, 결혼할 때는 교회로, 죽으면 사찰로 라는 말이 있듯이, 일본인의 종교에 대한 접근은 특별한 경계가 없다. 오히려 이웃 종교 간의 벽이 허물어진 상태라고 할 수 있는데, 이러한 상황은 애니메이션《너의 이름은.》에 그대로 반영되어 있다.

도쿄에 사는 훈남 타키는 미츠하가 무의식적으로 만나기를 기대

---

[*]　나무위키의 "너의 이름은."(https://namu.wiki/w/) 참조

하는 남자상이다. 그렇지만 만나야 할 이유도, 만날 가능성도 거의 없다고 할 수 있는 사람이다. 하지만 애니메이션인데다가 빠른 스토리 전개로 관객들은 '서로의 몸이 뒤바뀌는 현상'에 암묵적으로 동의하고 말았다. 그래서 어쩌면 절대 만날 리 없는 두 사람이 반드시 만나야 하는 운명이 되는 데 방조하게 된다. 그런 이해가 전제되어야 '아직 만난 적 없는 너를 찾고 있다'는 사명에 공감하게 된다. 그렇지 않으면 "뭐가 그렇게 신경 쓰였던 걸까. 나도 이제 그 이유는 잘 모르겠다. 그 마을에 아는 사람이 있던 것도 아닌데" 등의 말을 그냥 지나치지 않고 주목할 수 있게 된다. 아니 그 말에 주목하게 만드는 신카이 감독의 재능을 여기서도 찾을 수 있다.

1996년 미야미즈미츠하 태어남
1999녀 타키(폭포의 의미) 태어남
2013년 10월 이토모리마을 혜성이 떨어짐
2016년 10월 혜성으로 생긴 호수로 타키가 찾아감
2020년 타키 할아버지 별세
2021년 12월 '여름 날씨의 아이'에 타키는 건설회사 면접하는 취

준생(카메오)으로 등장

　2023년 4월 **비가 막 그친 날**에 신주쿠 건설회사 직원 타키가 백화점 액세서리 직원 미츠하를 계단에서 만남

　2024년 3월 결혼(소설)

　위의 줄거리에 따른 시간표를 보면, 시공간을 초월하여 미츠하가 연하남인 타키와의 인연을 이해하는 데 도움이 된다. 그리고 주제곡의 노래가사 "전전세부터 너를 찾기 시작했다"에서 시공간을 초월하여 이어지는 그런 인연을 머리에 묶은 리본 같은 '무스비' 등을 통해 이어가고 있다.

무스비

애니메이션《너의 이름은.》의 줄거리 가운데 '무스비'가 자주 등장한다. 매듭이라는 의미로 번역이 되는데, "엮이다. 묶다" 등으로 '인연'과 관련된 상징적인 단어로 등장한다. 줄로 매듭을 지을 수 있으며, 얽히고설키면 그 매듭을 잘 풀어야 한다. 안 되면 잘라야 하는데, 손으로는 자를 수 없고 끊을 수도 없다. 따라서 인간의 생명과도 관련되는 단어로도 등장하는데, 일본에서 무스비는 '태어나게 한 신령', 즉 우리의 삼신할머니를 뜻하는 이유이기도 하다.

　삼신할머니와는 다르지만, 미츠하의 할머니는 그런 '무스비'의 수호령과 같은 역할을 한다. 미츠하를 낳은 어머니의 어머니이므로 생명을 준 사람이기도 한 할머니는 신사에 내려오는 전설을 하

나씩 설명해주는 역할을 한다. 일연이 지은『삼국유사』3권 제4 탑상에 수록되어 있는 설화 속의 조신의 꿈이나 서포 김만중의『구운몽』과 같이, 할머니가 미츠하에게 "너는 꿈을 꾸고 있구나!"라는 말로 자각을 불러일으킨다. 인생 자체가 허무한 꿈에 불과하며, 장자가 꿈속에서 나비가 된 것을 자각하지 못한 것처럼, 장주몽접莊周夢蝶과 같은 꿈속이 바로 현실의 한 모습일 수 있다. 그런 꿈속에서 깨어나게 '깨침'을 선사하는 할머니의 존재는 삼신할멈을 넘어 보리심을 가진 '부처님'의 모습도 겸하고 있다.*

"글쎄, 요즘 너를 보고 있자니 기억이 떠오르지 뭐냐? 나도 소녀 시절에 신기한 꿈을 꾸었단다. 꿈속에서 누가 되었는지는 기억이 다 지워졌지만, 잘 간직하거라. 꿈이란 깨어나면 언젠가는 사라져. 나도 네 엄마한테도 그런 시기가 있었단다."

"어쩌면 이 집안 여자들의 꿈들은 다 오늘을 위해 있었던 것인지도 몰라요."

회자정리會者定離 거자필반去者必返이라는 말이 있다. 만남에는 헤어짐이 정해져 있고 떠남이 있으면 반드시 돌아옴이 있다는 뜻

---

* 대승불교의 이상이자 보살의 수행목표는 '상구보리 하화중생'이다. 이렇듯 '보리심'은 '보살행'과 함께 대승불교의 가장 기초인, 보리심이 없는 대승은 상상할 수도 없는, 대승불교의 시작이자 끝이라고 할 수 있다. 이에 대해서는 졸저『산티데바와 함께 읽는 입보리행론』(운주사, 2022) 참고.

이다. 『유교경』에는 "세상은 모두 덧없는 것이니 만나면 반드시 이별이 있다(世皆無常, 會必有離)"라고 하였고, 『열반경涅盤經』에는 "흥성함이 있으면 반드시 쇠퇴함이 있고, 만남이 있으면 이별이 있다(夫盛必有衰, 合會有別離)"라는 말로 인생의 무상함을 표현한다. 하지만, 신카이 감독은 이것을 김춘수의 시 〈꽃〉처럼 애틋한 사랑 이야기로 승화시켰다.

꿈에서 만나서 헤어졌지만 현실에서는 다시 만나는 해피엔딩으로 말이다. 헤어짐의 고통에서 만남의 행복으로 나아가게 하는 행복에 대한 매뉴얼을 '사필귀정事必歸正'이라는 키워드와 교묘하게 연결했다. 사필귀정이란 올바르지 못한 것이 임시로 기승을 부리는 것 같지만 결국 오래가지 못하고, 마침내 올바른 것이 이기게 되어 있음을 가리키는 말이다. 인과응보因果應報의 인연법을 말하는 것이지만, 여기서는 만날 사람은 다시 꼭 만난다는 희망과 행복의 메시지로 바꾼 것이다.

"아직 (실제로) 만난 적 없는 너를, 우린 꼭 만날 거야! 꼭 다시 만나러 갈 거라고."

사실 애니메이션 《너의 이름은.》은 관객으로서 한 번 보고는 이해하기 어려운 부분이 많다. PPL은 물론 복선을 깔고 있는 여러 가지 소재의 모습은 지나치기가 일쑤다. 눈 밝은 사람들이 보고 정리해 놓은 블로그나 유튜브를 보고서야 '아, 이런 게 있었구나!'라고 겨우, 어떻게 보면 새삼 알 수 있을 정도이다. 그만큼 긴박하게 스토리가 전개되어 간다. 주인공 타키의 이름처럼, 폭포수처럼 빠르게 흘러가는 물길과 같은 우리 삶의 모습과도 오버랩되는 순간이다. 그런 다사다난하게 때로는 소용돌이처럼 맴돌고 있는 영화 속, 어쩌면 우리네 인생에서, 미츠하의 할머니는 하나의 전환을 제공한다. 혜성의 폭발적인 충돌을 앞둔 상태에서 미츠하의 할머니가 내는 '차' 한 잔이 그것이다.

《너의 이름은.》에서는 차만 아니라 '술'도 등장한다. 곡차라고 하는 술의 원형으로서 '쿠치카미자케(くちかみざけ)'라는 술을 보여준다. 일본어를 번역하면 입으로 씹어 만든 술이라는 의미이다. 말 그대로 미츠하가 여동생 요츠하와 함께 곡물을 입에 넣고 씹은 뒤 뱉어내서 술병에 넣고 발효시켜 만드는 술이다. 우리나라에서는 미인주라고도 하는데, 이것이 일본주를 넘어 모든 술의 원형이 아닐까 싶다.*

영화 가운데 이 술은 중요한 의미를 가진다. 남자주인공인 타키가 시공간을 거슬러 가서 미츠하를 다시 만날 수 있게 하는 매개체로, 즉 무스비가 되기 때문이다. 술에 취한다기보다는 어쩌면 '환각'과 같은 꿈속에서 혜성의 충돌 전후의 시공간의 '초월'을 이뤄낸다.

영화 속 혜성의 이름은 티아마트(Tiamat)이다. 티아마트는 메소

---

* 　2004년 東京農業大学教授 小泉武夫가 여대생 4명과 실험을 한 결과 3일째 발효가 시작되어 열흘 만에 알코올도수 9.8%의 술이 완성되었다고 한다(小泉武夫,『人間はこんなものを食べてきた 小泉武夫の食文化ワンダーランド』, 日本経済新聞社, 2004.: 위키피아에서 재인용).

포타미아 수메르의 여신으로 만물의 모신母神으로 알려져 있다. 바다의 뱀(서펀트)이나 용(드래곤)을 의미하기도 한다.* 그리스 신화에서는 포세이돈 또는 헤라가 카시오페이아를 벌하기 위해 보낸 괴물의 이름으로 등장하는 이 티아마트를 혜성의 이름으로 쓴 것은 매우 중의적이다. 타키의 이름이 폭포이며, 천 년 묵은 이무기가 용이 되어 승천할 때도 이 폭포를 거슬러 오른다. 아울러, 타키가 '쿠치카미자케'를 마시고 본 천공에서 혜성이 용으로 표현된 것도 같은 맥락으로 이해하면 될 것 같다.

결국 감독은 혜성의 충돌이라는 절체절명의 위기 속에서 '술'을 사용하여 시공간을 초월하는 '무스비'를 연출해 낸 것이다. 그리고 이런 초월적인 무스비에는 시공간적인 '경계'도 사용되었다.

'쿠치카미자케'는 저승으로 갔다가 이승으로 오기 위해서 꼭 필요한 매개체이다. 저승으로 가기 위해서도 가장 소중한 것을 공양물로 바쳐야 하는데 그것이 바로 '쿠치카미자케'로 설정되어 있다. 소녀인 무녀가 성스러운 마음으로 만든 술은 물이나 쌀과는 전혀 다른 새로운 물질이다. 의례적인 해석에 따라 성심이 담긴 술 자체는 무녀의 몸으로 분신에 해당하며, 새로운 생명이라는 뜻으로 부활·환생·회생의 의미를 갖는다.

영화 가운데 나오는 분화구 속 작은 천은 상징적 의미로서의 경계 어쩌면 망각의 강을 의미한다. 이 실개천을 넘으면서 사람들은

---

* Thorkild Jacobsen, 1963, 『The Battle between Marduk and Tiamat』, Journal of the American Oriental Society, 88.1.: 위키피아에서 재인용

속세에서 성역으로 들어가게 된다. 그렇게 들어가는 통과라는 의
례 자체가 죽음으로 스스로를 희생시키는 것을 의미하며 그 증거
로서의 공양물이 '쿠치카미자케'라고 볼 수 있다. 그리고 그 술은
한 가닥의 가느다란 끈으로 무녀와 연결되어 있다. 그런 의미에서
의 '무스비'라고도 할 수 있다.

그런 이음은 영화 속의 시간적인 배경에도 잘 나타나 있다. 낮도
아니고 밤도 아닌 시간이 있다. 세상의 윤곽이 흐려지고 아직 달도
뜨지 않은 시간이 그것이다. 밝음과 어둠의 경계로서 낮도 아니고
밤도 아니면서 낮이기도 하고 밤이기도 한 정말 애매한 시간을 일
본에서는 황혼黃昏이라고 하며 타소가레(たそがれ)라고 읽는다. 어
쩌면 티베트 불교에서 말하는 영혼이 구천에서 떠도는 바로 '중음
中陰'의 시간이기도 하다.

황혼이라는 개념은 관객이 쉽게
이해하기에는 어려운 부분이 있다.
그래서 이 영화에서는 관객의 이해
를 돕기 위해 고전수업시간 장면에
서 선생님이 『만엽집』의 2,240번째
시를 가르치는 내용이 설정되어 있
기도 하다. 칠판 가운데에는 逢魔
(봉마)が時(おうまがとき 오우마가토
끼: 땅거미 질 무렵)라는 단어도 크게
적혀 있는데, 신비한 존재로서 마군
魔軍이나 마구니魔仇尼 등을 만나는

영화《너의 이름은.》포스터

시간이라는 뜻으로 해석된다.

　이승과 저승이 마구 뒤섞여 있는 복잡한 시간인 황혼시에는 모노노케(もののけ·物の怪·物の気), 즉 사람을 괴롭히는 사령死靈·원령怨靈, 귀신이 활동하기 시작하는 시간이기도 하다. 『만엽집』에 수록된 시들이 유행했던 헤이안시대는, 얼굴이 제대로 보이지 않아 인간인지 아닌지를 구분할 수 없던, 해가 저물어 어둑해진 시간에 관심을 보였던 것 같다. 길에서 만난 존재에게 "누구냐(誰彼: 타소가레의 타소)?"고 묻고 그에 대해 "사람이다"라고 답을 해야 했던 것이다. 인간과 귀신이 공존한 시간이었다는 의미로 들린다.

차 한 잔의 여유

『영화, 차를 말하다』에서 《일일시호일》을 이야기할 때는 '차'에 중점을 두었다. '영화'에 대해서는 몇 번 칼럼을 쓴 적이 있지만, 그렇다고 전문가는 아니다. 다만, 역사학도로서 그리고 인문학자로서 영화 속 차의 상징적인 의미에 대해 언급해 보고자 한다.

　『금강경』을 굳이 열어보지 않더라도 우리는 무언가에 늘 집착하고 있다. 손에 꽉 쥐고 있는 뭔가를 내려놔야 또 다시 무엇인가를 잡을 수 있다. 사실 굳이 새롭게 다시 뭔가를 잡지 않아도 된다. 계속 쥐고 있는 것만으로도 손에 쥐가 날 정도로 힘들다. 삶은 또 어떤 것인가? 이제 무엇인가를 내려놓아야 할 때가 아닐까?

　영화 《너의 이름은.》은 너무 어렵다. 보면서 따라가기도 힘들고 손에 땀을 날 정도의 계속되는 위기가 당황스럽기만 하다. 몇 번을

봐야 이해되는 복선들과 다양한 소재들은 물론이고 같은 시간대가 아니기에 다른 공간들을 아무런 예고 없이 봐야 하는 관객들은 더욱 당황스럽기만 하다. 그럼에도 불구하고 보는 내내 흥미진진한 것은 이 영화의 성공 이유이기도 할 것이다. 보는 사람이 이 정도인데, 비록 애니메이션이라고 하지만 극중의 인물, 즉 당사자들은 어떨까? 아니 어떻게 표현되어야 할까? 만약 그것이 사실이라면 정말 지쳐서 죽을 지경이라고 할 수 있을 것이다. 하지만 해피엔딩을 위해서 영화 속 주인공은 최선의 노력을 마다하지 않는다. 쉴 새 없이 몰아치는 위기는 우리네 삶을 연상시킨다. 여러분은 다들 지금 편안한가요? 안녕하신가요?

"다들 안녕들 하십니까?" 이 질문에 10초 내에 "그렇다!"고 대답할 수 있는가? 불교계를 비롯해서 모든 종교가 타락하고 있다고 말하는 사람들이 늘어나는 현실을 보면, 이번 부처님오신날에도 다음에도 부처님은 이 땅에 못 오실 것 같다. 고통을 벗어나 행복을 찾는 영원한 여행자 석가모니도 지금 여기에 다시 태어났다면 과연 이생에서 깨달음을 얻을 수 있을까?

이미 우리는 숨가쁘게 달려왔다. 어쩌면 이젠 함께 축포를 터트리며 파티를 열며 쉬어야 할 때이다. 통합 심리학자 켄 윌버는 의식 깨어남과 성장을 위하여 통합이론과 마음챙김 명상을 접목한 통합적 마음챙김을 제시하고 있다.

마음챙김이란 극적으로 스트레스를 줄여주는 것으로, 편안한 자세로 앉아 마음을 이완하고 무엇이 떠오르든 당신의 삶 전부를 현재 순간에 집중하는 몰입의 상태로 이끈다. 우리에게 존재하지만 자각되지 않았던 수많은 영역들을 드러내는 과정에서 보다 건강하고 행복한 성장의 길목으로 올바르게 나아갈 수 있는, 인생과 공동체의 지속가능한 발전을 위한 숨겨진 지도를 찾아낸다. 윌버는 그러한 지도를 드러내기 위해 "일상에서 높은 수준으로 '성장하며', 때로는 영적으로 '깨어나고', 개인과 집단의 내면과 외면을 '등장시키며', 여러 지능들에 대해 '개방되고', 내면의 숨겨진 그림자를 '정화'"하는 것들을 알아차리는 통합적 마음챙김을 중요시한다.*

이러한 마음챙김을 우리는 차와 관련해서 한마디로 표현할 수 있다. 바로 '차 한잔의 여유'라는 말이다. 급박하게 돌아가는 현실 속에서, 아니 애니메이션 속에서는 따라가기도 힘든 상황들의 연속 속에서도 미츠하의 할머니는 차 한 잔을 내온다.

매우 위급한 시기를 보내고 더 큰 위기가 다가오는 잠시의 틈, 그 틈에 바로 차가 등장한다. 할머니가 차를 내리는 '쪼르르' 소리에 왠지 모를 안도감을 찾으며 미츠하는 위기를 어떻게 대비할 것인지에 대한 힌트를 얻기도 한다. 영화 속의 주인공과 그 영화를 보는 관객조차도 영화 가운데서 쉼의 시간을 가지게 된다. 그리고 여유를 가지고 다음 전개를 기다릴 수 있게 된다.

몸과 마음을 살리는 생명의 물이라고 할 수 있는 차를 마시는 것은 '차'보다도 차를 하는 시간과 장소가 더 중요하다. 영화 속일지라도 따라가기 힘든 전개에서 잠시 쉬어갈 필요가 있었을 것이다.

---

* 하도겸, 「[하도겸의 차 한잔] "다들 안녕들 하십니까?"라고 우리에게 되묻는 캔 윌버」, 아주경제, 2016. 6. 7.

그때 사용된 것이 바로 '차'이다.

아무 때나 부담 없이 가벼운 마음으로 차를 만나면, 우리는 물론 주인공들도 자신과 주변을 돌아볼 수 있게 된다. 휩쓸려 가는 것이 아니라 스스로 중심을 세워서 주변을 성찰하고 자신이 가진 것들과 보지 못한 것들에 대한 생각을 바로잡는다. 붕 떠서 허우적거리는 것이 아니라 가라앉혀서 정확히 무엇이 문제가 있고 어떻게 해야 할지를 생각할 수 있게 되는 것이다. 그리고 그런 평안한 안정 속에서 해결책도 마련하고 행복도 느낄 수 있는 것이다.

차는 깨달음과 성장의 '먹거리'를 넘어 '약'이라고 할 수 있다. 손에 뭔가를 쥐고 있다면 그 손으로는 다른 어떤 것도 쥘 수가 없다. 내려놓아야 다른 것도 잡을 수 있는 것이다. 손은 하나인데 다른 모든 것을 쥘 수는 없다. 여기서 우리는 '버림'과 '비움' 그리고 '나눔'의 가치를 배울 수 있다.

'차 한 잔의 여유'에는 '가지다' 또는 '즐기다' 등의 서술어를 많이 붙인다. 늘 공사다망한 가운데 시간을 내어 차 한 잔을 마시는 것을 '가지다'라고 할 수 있다. 하지만 무엇보다도 그 시공간과 함께 사람, 나아가 분위기 등을 즐겨야 진정한 차인이라고 할 수 있다. 그리고 이미 일상이 안정된 수행인으로서 차인이 되어 있다면 '차 한 잔의 여유'는 곧 일상으로의 복귀라고 할 수 있다. 즉 흔히들 이성을 (되)찾는다는 표현으로 대체되기도 하는 바로 '평상심의 회복'을 말한다.

혜성, 죽음, 폭발 등으로 급박하게 돌아가는 영화 속에서 잠시 한숨 돌릴 수 있는 시간을 제공하면서 평범한 일상으로 돌아가는 소재(상징)로서 차를 등장시킨 것이다. '밥 먹었니?'와 마찬가지의 가벼운 인사로서 '차 한잔 할래!'의 의미는 곧 일상을 말한다. 대개의 일본인들이 아침 일찍 밥 먹기 전에 또는 먹고 나서 차 한 잔으로 하루를 시작한다. 그렇게 차 한 잔은 여유의 의미도 크지만 그냥 일상의 의미가 더욱 크다고 할 수 있다.

일상다반사

'일상다반사'란, 일상에서 차나 식사를 하는 것처럼 흔한 일을 의미한다. 본래 불교 용어였으나 지금은 누구나 일상적으로 사용하기는 말이다. 불교에서는 일상생활에서의 평상심이 곧 깨달음의 마음과 연관되어 있다는 뜻으로 사용된다.[*]

한편 차는 그 자체로 '약'이라고 하기에는 음료의 성격이 강하고, 또 단지 몇 번 마신다고 바로 효과를 보는 것이 아니므로 밥을 먹는 것처럼 매일 꾸준히 마셔야 한다. 이러한 의미에서 일상생활 속에서 마시는 '건강한 차'라고 이해하고 싶다. 그래서 우리가 일상에서

---

[*] 우즈무(吳自牧)가 1274년에 편찬한 『몽양록夢梁錄』에 나오는 개문칠건사開門七件事는 땔나무, 쌀, 기름, 소금, 간장, 식초, 차 등 생활필수품을 말한다. 또한 이 책에서는 항주 도시의 찻집은 "사계절 싱싱한 꽃을 꽂고 유명한 사람의 그림을 걸고 점포의 벽면을 장식했다"고 표현했다. 송대 문인들의 네 가지 고상한 취미생활인 사예四藝, 즉 향을 사르고, 차를 마시며(燒香點茶), 그림을 그리고, 꽃꽂이를 하는 것(掛畫插花)이 반영된 것 같다.

인사말처럼 하는 '차 한잔 할래?'라는 말이 바로 생활선의 화두이기도 하다. '다시 일상으로'의 의미를 가진 평상심의 대표적인 공안(화두)*으로 조주 스님의 '끽다거'가 있다.

다선일미의 원류라고 할 수 있는 선문화와 차문화는 모두 당대唐代부터 시작되었다고 한다. 당시 다성茶聖 육우陸羽가 『다경茶經』을 저술하여 차에 대한 규범을 마련하고, 같은 시기의 조주종심趙州從諗 선사가 끽다거喫茶去라는 공안으로 학인들을 끌어들임으로써 선과 차는 하나가 되었다는 것이 통론이다. 조주 선사의 끽다거 선사상은 당나라 이래로 중국의 선수행자와 차인들에게 영향을 주었다. 한국의 다도사상 역시 끽다거의 공안에서 영향을 받았으며, 오늘날 한국의 차인들은 조주 선사를 개산조로 받들고 있다. 일본 다도의 종사라고 할 수 있는 센노리큐(千利休)도 스승 이큐소우준(一休宗純)으로부터 끽다거의 공안을 전해 듣고 선에 입문하게 되었다고 알려져 있다.

---

* 1,700공안이나 되는 화두는 모두가 물음(질문이나 의문)만 있지 그것을 풀수 있는 어떠한 해법이나 답안은 제시하지 않고 설사 깨쳤다고 해도 전해주지도 않는다. 마음으로 전하는 것이지 말로 하는 순간 다른 해석이 가능하기 때문이기도 하다. 그런 의미에서 과연 화두(話頭·말머리)란 무엇일까? 화두는 그 의미 그대로 '말 한 마디 나오기 이전의 상태' 곧 '언전대기言前大機'를 일컫는다고 한다. 우리가 뭔가 행동 직전에 한 생각이 있고, 그 한 생각이 일어나기 전에 '본래면목本來面目'이라는 성품性品이 있는데, 화두는 바로 이 성품자리를 뜻하는 것이다. 무념무상無念無想의 본래 마음자리(본래면목)를 찾아가는 방법이 참선이고, 그 열쇠가 바로 화두인 것이다.

선사께서 새로 온 두 스님에게 물었다. "그대는 이전에 여기 온 적이 있던가?" "온 적이 없습니다." "차나 마시고 가게!" 선사께서는 다른 스님에게 물었다. "이전에 여기 다녀간 적이 있던가?" "다녀간 적이 있습니다." "차나 마시고 가게!" 그러자 원주가 선사께 물었다. "스님! 온 적이 없다고 해도 '차나 마시고 가게!'라고 하시고, 온 적이 있다고 해도 여전히 '차나 마시고 가게!'라고 하시는지요?" 그러자 선사께서는 "원주야! 차나 마시고 가거라." 하고 말씀하셨다.

이 화두는 차를 마시며 자기 자신을 되돌아보고, 마음의 짐을 내려놓고 가라는 선사의 가르침이다. 차는 일상의 평상심을 잊지 말라는 것이다. 굳이 깨달음을 다른 데서 얻으려 하지 말고 스스로의 마음에서 찾으라는 것이다. 그리고 그 실마리를 바로 '차'에서 찾은 것이다. 그래서 불교에서는 차와 선의 관계를 '다선일여'라고 하나 보다.

에필로그

애니메이션 《너의 이름은.》을 한마디로 표현하라면, "머리가 좋아야 이해할 수 있는, 어쩌면 머리를 좋게 하는 애니메이션"이라고 소개하고 싶다. 요즘 유행하는 소재, 평행우주平行宇宙를 나름 잘 소화시킨 이 영화는 자신이 살고 있는 우주(세계)가 아닌 평행선상에 위치한 또 다른 세계를 동시에 보여준다. 서로 고립된 채 무한히 존재하는 미지의 세계들이라 할 수 있는데 이런 '평행세계', '병렬세계', '패럴렐 월드(Parallel World)', '대체 현실(Alternate reality)', '대체세계'를 '무스비'로 잇고 있다. 이 세계도 복잡한데 그런 세계가 수없이 더 있다니, 아무래도 차 한잔 해야겠다.

일본 차
문 화 의
일 상

영화《**차의 맛**》

• 노근숙 •

일본차문화가 주 전공으로, 원광대학교 동양학대학원과 원광디
지털대학교에서 일본차문화사와 일본차문화론 등을 담당했다.
그리고 연함학당을 개설하여 일본 차문화에 관심이 있는 회원
들과 함께 일본차문화 스터디와 연구에 전념하고 있다. 대외적
으로는 국제티클럽과 국제차문화학회의 이사로 활동하고 있다.
저서로는『일본차문화론』,『일본차문화체험』(원광디지털대학교
교재),『홍차레슨』(공저),『한국 근·현대 차인물 연구 2』(공저),
『스마일 일본어회화』,『스마일 항공 관광 일본어』(공저),『New
live 캠퍼스일본어』(공저),『현대일본의 문화콘텐츠』(공저)가 있
으며, 번역서로『티·스토리텔링–세시풍속과 일본다도』(공저)
가 있다.

차의 맛
감독 이시이 카츠히토, 주연 사토 타카히로, 반노 마야 외
일본, 2003

일본 차문화

일본 차문화에는 다양한 모습이 있지만, 크게 두 개의 모습으로 나누어 볼 수 있다. 바로 '일상의 차'와 '비일상의 차'이다. 일상의 차는 생활 속에서 식후나 갈증 해소 등, 또는 손님에게 차를 대접하는 것을 말하며, 비일상의 차는 격식을 갖추어 전용 공간인 다실에서 대접하는 차문화를 말한다. 따라서 비일상의 차는 예禮와 법도, 작법을 갖추고 대접하는 차로서 일본 차문화의 근간을 이루고 있다.

또한, 일본에서 다도는 말차 문화를 가리키는 것으로, 차노유(茶の湯), 와비차 등 다양한 명칭으로 표현되고 있으며, 대접과 수양의 요소가 포함되고 불교의 선사상이 이입되어 있다. 이것이 센노리큐(千利休, 1522~1591)가 대성한 일본 다도, 즉 말차 문화의 모습이다. 신분사회에서 인간의 평등을 주창하고 싶었던 리큐에 의해 고안된 것이 바로 비일상의 차문화다. 이러한 말차 문화가 완성된 시대는 근세에 해당하며, 무사, 승려를 중심으로 16세기의 남성문화로 자리를 잡았고, 오늘날 일본 전통문화로 부동의 위치를 점하고 있다. 다도는 서양의 근대문화를 받아들이면서 일본의 국가 위상을 높이는 고급문화로 서양에 전달되었으며, 지금도 끊임없이 세계를 향해서 차노유(다도) 문화를 발신하며 국가의 위상을 높이고

있다. 한편, 에도시대에 이르러, 비일상의 차문화를 성립시킨 16세기 차노유 발전과 더불어 일상의 차는 대중문화로서 자리매김을 하게 되었다.

일상의 차는 말차보다는 주로 잎차를 우려 마시는데, 필자의 유학 시절만 해도 가정에서는 손님 대접이나 식후에 잎차를 우려 마시는 것이 일상이었으나 지금은 페트병, 캔, 티백으로 대신하는 사람이 많아지고 있다. 간편하고 손쉬운 것을 선호하는 현대인의 생각이 생활에 반영된 것이다. 다 도구, 그중에서도 찻잎을 우려 마시는 데 필요한 다관 등이 없어도 좋은 차문화가 확산되어 가는 시대를 맞이하고 있다. 하지만 이런 일상의 차문화에 관해서는 연구자들의 관심이 낮은 게 현실이다. 그래서 이 글에서는《차의 맛(茶の味)》에 등장하고 있는 일상생활과 찻잔의 존재를 살펴보고자 한다. 영화에서는 차 이야기도 없고 차문화에 대한 언급도 없지만, 찻잔에 대한 영상이 끊임없이 전개되고 있다는 점에 주목해 보기로 하였다.

따라서 영화에 등장하고 있는 찻잔은 단지 소품에 지나지 않는지, 아니면 찻잔의 존재에 어떤 역할이 부여되고 있는지를 규명하고자 하는 것이 이 글의 목적이다. 이를 위해 찻잔이 나오는 장면을 발췌해서 일본인의 생활 속에 등장하고 있는 찻잔의 의미를 분석하고자 한다.

영화와 그 주변 이야기

《차의 맛(茶の味)》('녹차의 맛'으로도 번역)을 촬영한 곳은 아름다운 자연풍경에 둘러싸인 시골 마을로 일본 관동지방에 속해 있는 도치기(栃木)현 남동부에 있는 모테기 마치(茂木町)이다. 도치기현의 현청 소재지는 우츠노미야(宇都宮)이며, 현의 위치는 동북 지방과 경계를 이루고 있는 곳으로 관동지방의 윗부분에 해당한다.

일본은 전국을 8개 지방으로 나누고 있는데, 홋카이도(北海道), 도호쿠(東北), 간토(關東), 츄부(中部), 간사이〔關西/긴키(近畿)라고도 한다〕, 츄고쿠(中國), 시코쿠(四國), 규슈(九州)이다. 우리에게 익숙한 간토(關東) 지방은 수도인 도쿄(東京)를 중심으로 하는 지역을 말하며, 오사카(大阪)·교토(京都)를 중심으로 하는 지역은 간사이(關西) 지방이라고 한다.

간토 지방에 속하는 도치기현 북부에는 닛코(日光)국립공원이 있으며, 도쿄에서 당일치기 나들이가 가능한 관광지와 휴양지로 유명한 닛코(日光)와 스가(須賀)가 있다. 닛코는 동조궁東照宮으로 유명한 곳인데, 동조궁은 일본 3대 영웅 중 한 사람이며 도쿠가와〔德川/에도(江戶) 바쿠후라고도 한다〕 막부를 세운 도쿠가와 이에야스(德川家康, 1542~1616)를 안장한 곳이다.

닛코는 속담에 그 지명이 등장할 정도이니 얼마나 유명한 곳인지 두말할 필요가 없다. "닛코를 보지 않고는 좋다는 말은 하지 말라"*는 속담이 있는데, 설명을 덧붙이자면, 좋고 대단한 것은 화려한 건축물을 자랑하는 동조궁으로 닛코라는 지역을 가리키는 것이

닛코동조궁(日光東
照宮)(출처: 야후재팬
wikipedia)

아니라는 점이다. 즉, 동조궁東照宮을 보지 않고는 좋다거나 대단하
다거나 훌륭하다고 말하지 말라는 의미가 들어 있다.

닛코 동조궁은 도쿠가와 이에야스(德川家康)의 신사神社이다. 여
기에 궁을 붙여서 동조궁이라고 하는 것은, 그 품격이 신사에서 궁
宮으로 격상되었음을 의미한다. 신사는 그 지역을 수호하는 조상
신, 토지신이나 국가에 공로가 큰 사람을 신神으로 모신 곳으로, 호
칭이 신사에서 궁으로 부여되었으니 그 품격과 위상이 높아졌다는
점을 드러내는 것이다. 궁이라는 명칭을 가진 곳을 짚어보면, 천황
가의 이세伊勢 신궁이 있고, 일본의 근대화를 끌어낸 명치 천황의
명치明治 신궁이 있다.

닛코의 동조궁은 품격과 위상이 격상된 곳으로 명성을 자랑하고
있지만, 화려한 건축물로 더 유명하며, 일본 3대 폭포 중 하나이며
높이가 97m나 되는 게곤노타키(華嚴ノ滝)는 닛코를 한층 더 유명한
곳으로 만들었다. 이름이 게곤노타키(화엄華嚴폭포)가 된 것은, 이곳

---

* "日光を見ずに結構と言うな"

을 발견한 스님이 불교 경전 이름을 폭포의 명칭으로 정했다는 설과 근처에 화엄사가 있어서 그 사찰의 이름에서 유래했다는 설이 있다. 그러나 이 폭포가 유명하게 된 것은 이곳이 자살의 명소였기 때문이다.

1903년 도쿄(東京)대학 교양학부의 전신에 해당하는 일고의 학생이 이곳에서 자살하면서 큰 파장을 몰고 왔다. 일고의 학생인 16살의 후지무라 미사오(藤村操)

게곤노타키(華嚴滝)(출처: 야후재팬 wikipedia)

가 몸을 던진 곳이 게곤노타키인데, 유언 같은 시 한 수를 나무에 새긴 것으로 더 유명하다. 자살 이유는 젊은이의 그 흔한 사랑의 아픔이 아니었다. 16살의 어린 소년이 염세관에 의해 죽음을 택한 것이다. 입신출세가 미덕이던 시대에 출세가 보장되어 있는 금수저 출신의 엘리트 학생의 자살이라는 점에서 사회에 던져진 파장은 상상 이상이었다. 자살 추종 세력이 무려 185명으로 자살방지책으로 경찰관이 배치될 정도였으며, 그 덕택으로 40명은 미수에 그쳤다고 한다. 이 폭포에는 폭포 전용 엘리베이터가 있어서 그것을 타고 내려가게 되어 있다.

다음은 동조궁과 인연이 깊은 스가신사로, 940년 건립되어 천 년의 역사를 갖고 있다. 교토에 있는 야사카(八坂)신사에서 분령을 옮

스가신사(須賀神社)(출처: 야후재팬 wikipedia)
아카미코시(朱御輿)(출처: https://www.sugajinja.
or.jp)

겨와 모신 신사로 아카미코시(朱御輿)라는 문화재가 있다. 아카미
코시는 도쿠가와 이에야스가 동조궁을 건축한 장인에게 명하여 만
든 것으로 스가신사에 봉납한 것으로 유명세가 있다. 아카미코시
는 붉은 미코시(御輿)라는 뜻으로, 미코시는 신체를 모신 가마를 이
르는 말이다. 마츠리에 등장하는 미코시는 신사에 따라 그 위상이
다르지만, 간단히 설명하면 신이 타고 다니는 승용차라고 이해하
면 될 것이다.

　이 지방의 또 다른 명품으로는 태평양으로 흘러나가는 나카가와
(那珂川)를 거슬러 올라오는 연어가 있으며, 우리가 영화 속에서 찾
고 싶은 차茶도 있다.

　이곳의 기후(11~12월경)는 맑게 갠 이른 아침의 차가운 기온이
강 위로 안개를 만들어 마치 운무와 같은 환상적인 경치가 펼쳐진
다. 이러한 기후는 차가 생육되기 좋은 재배조건으로, 현재 세 개
의 차를 생산하고 있다. 도치기현에서 재배, 생산하는 차에는 가누

Link-T(출처: https://www.agrinet.pref.tochigi.lg.jp)
이타가(板荷茶)(출처: https://www.agrinet.pref.tochigi.lg.jp)

마(鹿沼)차, 이타가(板荷)차, 구로바네(黑羽)차가 있다. 가누마(鹿沼)차는 가누마(鹿沼)시에서 생산된 찻잎으로 만든 차를 말한다. 이타가(板荷)차는 가누마차 중에서 무농약·무화학비료로 차나무를 재배하여 만든 첫물차이다. 이타가차는 도치기현의 특별재배 농산물(링크·티) 인증을 받은 차로서 가누마 브랜드의 반열에 이름을 올리고 있다. 링크·티는 도치기의 특별재배 농산물에 대한 애칭이다.

이타가차는 부드러운 맛이 특징이며, 독특한 삽미 뒤에 오는 맛있는 단맛, 그리고 목 넘김 후에 가득 퍼지는 감미가 또 하나의 특징이다. 이타가 지역은 산골짜기에 흐르는 물이 운반해 온 양분으로 비옥해진 땅과 한난의 기온 차이가 만들어 내는 우수한 품질의 차를 생산하고 있다. 햇차의 수확은 다른 지역보다 약 1개월 정도 늦어서 경쟁에 불리하지만, 무농약, 감화학비료의 재배법을 선택해서 지역 특성화를 도모하고 있다.

5월 하순에 첫물차를 채취하는데, 그 이후에는 찻잎을 채취하지 않으며 이것으로 최고의 명품 차를 생산하고 있다는 것을 소비자에게 발신하고 있다. 감칠맛이 오래 입안에 남으며 안전하고 좋은 음료라는 높은 평가를 받고 있으나 생산량이 적은 관계로 '환상의 차'로 알려져 있다.

구로바네(黑羽)차는 현 내에서 가장 오래된 차 산지로 스가가와(須賀川)차라는 별칭도 갖고 있는데, 이것은 지명에서 연유된 이름이다. 도치기현은 2013년부터 경작을 포기한 땅을 유효하게 이용하려는 의도와 지역 활성화를 목적으로 센차(녹차)용의 찻잎을 사용하여 홍차 생산에 몰두하고 있다.

이제 영화 이야기로 넘어가보자.《차의 맛(茶の味)》은 2004년 칸국제영화제 감독주간의 오픈 작품으로 초대된 영화이다. 상영 시간은 143분으로 조금은 긴 시간을 할애해야 한다. 감독은 원작자인 이시이 가츠히토(石井克人)이며 각본, 편집까지 1인 4역을 담당하고 있다. 시골 마을의 아름다운 자연을 배경으로 신감각파의 기수인 이시이 가츠히토 감독이 새 시대의 가족 모습을 참신하게 엮어내고 있다.

그런데 차 이야기는 전혀 없는데도 영화제목을《차의 맛(茶の味)》으로 정한 감독의 의도가 궁금해졌다. 그래서 서적과 인터넷 검색을 시도하여 단독 인터뷰를 찾을 수 있었는데, 그 내용을 보면 다음과 같다.

이시이 가츠히토 감독은 홈드라마를 만들고 싶었다고 합니다. "《차의 맛(茶の味)》은 제작 초기 단계에서 붙인 타이틀로, 좀 더 알기 쉬운 타이틀로 바꿔볼까 생각하기도 했습니다. 봄의 이야기이고 가족 모두가 고민거리를 안고 있어서《봄의 번민(春の悩み)》이라고 할까 하다가 너무 뻔한 제목으로 관객에게 실례가 될 것 같아서 접었습니다. 그리고 차를 마시는 장면도 있고, 물론 주인공 일가 전원이 차를 좋아하는 것으로 설정했습니다. 단순히 제가 차를 좋아하기도 합니다만."*

아이러니하게도 이시이 감독은 냉한 체질로 찬 성질의 녹차를 자제하고 있고 홍차도 블렌드한 것을 선호하며 커피는 별로 마시지 않는다고 한다. 그럼에도 영화에 차를 좋아하는 가족을 등장시키고 있는 것은 그만큼 일본사람들의 생활 속에 차가 차지하는 비중과 존재감이 크다는 점을 그가 인지하고 있다는 설명도 되며, 차가 일본의 홈드라마에 꼭 필요한 소품이라는 점도 알 수 있다.

이시이 감독은 자신이 만든 기존의 영화보다 차분한 이야기로 홈드라마를 찍고 싶었으며, 몇 번이고 다시 보며 즐거워하는 영화를 만들고 싶었다고 한다. 그래서 가족들의 이야기가 담긴 영화《차의 맛(茶の味)》이 태어났다. 홈드라마를 만들다 보니 차가 자연스럽게 등장했다는 결론을 얻을 수 있다. 차의 등장은 특별한 이유가 필요하지 않을 만큼 일상적인 생활 모습이다. 일본인의 일상에 차의 존재는 우리가 매일 밥을 먹고 김치를 먹는 삶을 영위하는 것과 동일한 개념이다.

---

*   https://www.cinematoday.jp, 『茶の味』石井克人監督独占인터뷰, 2004年 7月 16日, 取材·文: 渡邉ひかる.

영화제목에 나오는 〈味〉는 일본어로 아지(あじ)라고 읽는다. 일본어 사전에서 〈아지(味)〉의 정의를 살펴보면 ①음식의 맛, ②재미, 묘미, 멋, 운치, 정취로, 예를 들면 풍류의 멋(風流の味)이라고 표현할 수 있다. ③체험에 따라 얻은 느낌을 말하는데, 첫사랑의 달콤함을 표현할 때 초련初恋의 미味라고 쓰며 일본어로 '하츠고이노 아지(初恋の味)'라고 읽는다.

영화 이야기

《차의 맛(茶の味)》는 우리의 일상이 그러하듯, 가족 개개인의 작은 에피소드로 구성되어 단편소설과 같은 이야기가 펼쳐진다. 그러므로 자주 등장하는 등장인물을 소개하면서 영화의 내용을 정리하기로 한다.

작은 시골 마을에 사는 하루노(春野) 일가는 제각기 고민을 안고 있는데, 타인에게, 심지어 가족에게도 말하지 못하고 개운하지 않은 마음으로 생활하고 있다. 머릿속에서 기차가 나오는 하루노 하지메(春野一)는 집안의 장남으로, 내성적인 성격 탓에 첫사랑 가슴앓이로 곤혹스러워하고 있는 고등학교 1학년 학생이다. 그리고 거대한 또 하나의 자신이 뜬금없이 찾아오는 바람에 작은 가슴을 애태우고 있는 초등학생인 하루노 사치코(春野幸子)는 하지메의 여동생이다. 전업주부인 엄마 하루노 요시코(春野美子)는 육아와 결혼으로 단절된 경력을 되살려, 재기해 보려고 고군분투한다. 이렇게 자

영화 《차의 맛》 中 첫사랑의 가슴앓이에 곤혹스러워하는 하지메와 뜬금없이
나타난 자신의 거대한 모습에 우울한 사치코

신의 삶을 찾아가려고 애쓰고 있는 아내에게 섭섭한 마음을 갖고
있는 아버지 하루노 노부오(春野ノブオ)의 직업은 최면술 치료사이
다. 그다지 비중을 느낄 수 없는 위치로 등장한다.

가족 개개인은 타인에게 말할 수 없지만, 세상 어디에나 있는 고
민, 많은 사람이 껴안고 있는 괴로움을 마을에 내려앉은 안개처럼
각자 마음에 껴안고 살고 있다. 이러한 가족의 상황을 서로 모르는
듯하지만 따뜻한 마음으로 지켜보는 할아버지가 있다는 것은 손녀
딸의 철봉 돌기를 남몰래 지켜보는 장면에서, 그리고 할아버지 사
후에 그가 남긴 가족을 그린 그림을 통해서 알게 된다. 할아버지는
하루노 집안의 구심 역할을 하고 있으며, 화면에 등장하는 강렬한
노란색 찻잔의 존재가 이것을 대변하고 있다.

이시이 가츠히토 감독의 독특한 영상 표현은 가족 개개인이 갖
고 있는 고민을 관객에게 바로 알리고 있는데, 마음속 보이지 않는
고민을 보이는 고민으로 표현하는 시각적인 기법이다. 장남의 머
릿속에서 나오는 기차에는 첫사랑의 여학생이 타고 있으나 점점
멀어져 가는 것으로 하지메의 마음속 고민이 무엇인지 화면을 통

영화《차의 맛》中 할아버지의 노란 찻잔을 비롯해 다른 가족의 찻잔은 확실히 보이는데 아버지의 찻잔은 어디에…

해 보여주고 있다. 불쑥불쑥 튀어나오는 거대한 자신이 화면을 채우고 그것을 바라보는 사치코의 표정을 통해서 관객은 어린 소녀의 고민을 전달받는다. 감독은 보이지 않는 마음속의 내용에 형태를 부여하는 촬영기법을 사용하고 있는 것이다.

　자연 풍광의 촬영도 넓은 연초록색 들판을 화면 가득 채우고, 또 작은 들꽃 한 송이가 화면 중앙에 나풀대는 모습을 과감하게 보여주고 있다. '우리의 삶이 그 들판의 한 송이 들꽃과 같은 존재가 아닌가? 아니면 그렇게 살아가야 한다는 것을 제시하고 있는 것일까?' 하는 느낌이 든다. 화면 전체에 물결치는 청보리밭, 논의 풍경, 파란 하늘과 흰 구름, 그리고 높은 곳에서 내려다보는 평화롭고 한적한 시골 마을의 모습은 한 폭의 그림과 같다. 이러한 감독의 영상 표현은 불쑥 튀어나오는 괴기스러운 화면에서 편안한 마음으로 돌아가게 한다. 홈드라마를 제작하고 싶은 감독은 자신의 마음을 이렇게 화면 속에서 표현하고 있다.

1) 차의 일상성과 찻잔

차茶와 무관한 영화, 차 이야기는 한 컷도 없는 내용이 전개되어 가지만, 찻잔이 빈번하게 등장하는 것으로 차의 일상성을 나타내고 있다. 143분 상영 시간에 35번 등장하는 찻잔은 茶와 무관한 듯하지만 전혀 무관하지는 않다는 메시지를 던지고 있다.

일본인은 누구 할 것 없이 차와 함께하는 생활을 영위하고 있다. 차노마의 식사 장면을 보면 반드시 밥공기와 함께 찻잔도 한 자리를 차지하고 있다. 일본인의 일상에서 차를 마시는 것과 밥을 먹는 행위는 분리될 수 없는 식문화로 형성되어 깊은 뿌리를 내리고 있다. 이러한 식문화는 인간의 생존과 사회의 균형을 유지하는 일상으로 정착되었다.

또, 일본인에게 있어 차 생활은 문화적 영역을 획득하고 있는데, 생활 속의 차와 격식을 갖추고 있는 다도(차노유)의 차가 있다. 다른 말로 표현한다면 전자는 일상의 차, 후자는 비일상의 차라는 영역이다. 식탁에 차와 밥이 공존하는 일본인 식생활의 중심은 쌀 문화이고 이것을 보완, 유지하고 있는 것이 차문화로, 일본인에게 있어 아주 자연스럽고 당연한 식생활 문화이다. 차는 항상 몸 가까이 있는 존재로 '일상다반사'라는 말 그대로 생활 속에 반영되어 일상성의 모습을 보인다.

일본인의 일상생활에 나타나는 차의 의미를 살펴보면 다음과 같다.

다도와 같은 엄격한 작법을 의식하는 일은 없지만, 어디에 가도 어디에서나 차를 마시고, 사람이 오면 차를 내어 대접하는 것은 일본인에게 있어 당연한 일이다. 일본에서는 차가 일상생활 속에서 사람과 사람을 연결해주고 있다.*

일상에서 사람과 사람, 즉 인간관계를 연결해주는 것이 차이다. 우리의 일상에서 '차 한잔 하자'는 말에는 차를 맛보고 차를 음미하자는 것이 아니라 같이 시간을 보내며 소통하자는 의미가 함축되어 있다. 그것이 가족이든, 이웃이든, 타인이든지 간에 차는 소통의 매개체로서 그 영역을 확장해 왔다. 사람들은 식사할 때, 또는 식후에 가족과 함께 차 한잔의 여유를 즐긴다. 차는 갈증을 해소하기 위해서 마시기도 하지만 차노마에서 가족이나 이웃과 함께 차를 마시며 서로의 마음을 나누고 소통할 때 무언의 매개체가 되는 것이다. 노정아 씨는 「화과자 이야기」에서 차와 화과자의 역할에 대해서 다음과 같이 언급하고 있다.

영화 속 인물들은 사람으로부터 상처를 받고 또 사람으로 그 상처를 치유해간다. 그 치유의 매개로서의 차와 과자, 상처가 있는 두 인간이 서로를 치유해준 이후에 마시는 차 한 잔 속에서 피어오르는 밝은 미소~~~ '도라야키', '단팥 앙금'이라는 매개와 차 한 잔은 센타로와 도쿠에 할머니가 만나 서로를 돕고 상처를 나누는 과정을 보여주며, 결국엔 두 사람이 마음을 열고 치유에 이

*   https://www.ooigawachaen.co.jp, 大井川茶園 公式ブログ.

르는 상징이 되기도 한다.*

우리의 삶 속에서 인간관계는 의도치 않게 상처를 주고받는다. 상처를 치유하는 방법은 상생의 자세가 우선되어야 하겠지만, 화과자와 차 한잔을 나누며 상처를 이해하고 마음을 어루만져 치유의 과정을 끌어내고 있다. 그 옛날 차는 약용의 기능을 발휘했지만, 오늘날은 마음을 치유하는 정서적인 소임을 담당하는 기능으로 변화, 확장되었다.

차의 음용은 마음을 치유하는 정서적 역할과 더불어 일상다반사라는 일상성을 품고 생활에 용해되었다. 당연히 무심히 등장하는 찻잔에도 일상성이 존재한다. 차와 찻잔이 일상성을 품고 있기에 매개체의 역할이 가능하고 그 범위가 확장되었다고 생각한다. 차가 사람과 사람을 이어주는 매개체의 역할을 한다면 실과 바늘처럼 찻잔 역시 같은 임무를 수행하고 있음을 영화 속에 연출된 다양한 상황을 통해서 알 수 있다.

그렇다면 밥그릇과 함께 매일 사용하는 찻잔이 영화 속에서 나타내고 있는 메시지는 무엇일까? 그 메시지를 찾아보기 위해서 찻사발의 명칭과 형태에는 어떤 변화와 의미가 있으며, 영화 속에서 가족이 모여서 차를 마시는 장소에 대한 문화적 의미를 살펴보고자 한다.

---

* 　노정아, 『영화, 차를 말하다』「화과자 이야기」, 자유문고, 2022, p.197.

2) 찻사발과 유노미자완

본 영화에 등장하는 찻잔은 주로 유노미자완(湯飲み茶碗)으로, 우리 사전에는 찻잔, 찻종으로 설명하고 있다. 자완(茶碗)은 차를 마시려고 만든 도자기이지만, 현재 일본에서는 밥을 담는 공기를 말한다. 즉 자완(茶碗)은 일본에서 사용되는 일상용어이며, 별칭으로 고한차완(ご飯茶碗), 메시완(飯碗)이라는 말도 있으나 흔히 사용하는 단어는 아니다.

이렇게 차를 담아 마시는 용기의 명칭이 밥을 담아 먹는 그릇의 명칭으로 전용되었다는 점에서 차의 일상성을 증명하는 데 부족함이 없다고 본다.

일본의 『다도사전』의 다완 편의 내용을 정리해보면 다음과 같다.

다완은 원래 차를 담는다는 데에서 붙여진 이름이다. 平安·鎌倉·室町시대에는 도자기라고 칭했으며, 東山시대 이후 조선에서 빈번하게 수입되고, 여기에 국산도 가세하였다. 그리고 飯食具*만을 칭하게 되었으며 특히 차노유(말차)에서 귀한 대접을 받았다. 여기에 밥을 담게 된 것은 아주 후세의 습관이다. 차노유에 사용되는 다완은 중국, 조선, 국산의 3종류가 있다.**

차노유에서 귀한 대접을 받는 다완에 밥을 담아 먹게 된 것은 후

---

* 飯食은 부처님께 공양하는 음식을 말하며, 이것을 담는 그릇을 飯食具·飯食器라고 한다.

** 井口海仙, 永島福太郎監修, 『茶道辞典』, 淡交社, 1979年, p.506.

유노미다완과 화과자(출처: https://search.yahoo.co.jp)

대에 생긴 습관이라고 정리되어 있다. 현재 사용하고 있는 밥그릇
인 다완도 역시 긴 세월을 거치면서 크기도 달라지고 다양한 문양
으로 변신하며 진화되었다. 자완이라고 발음하는 다완은 다기의
하나로 중국에서 사용했으며, 나라(奈良)에서 헤이안(平安)시대에
茶와 함께 일본에 전해졌다고 한다. 그리고 말차를 마시기 위한 용
기를 다완茶碗이라고 부른다. 식사 때 사용하는 그릇과 달라서 이
것과 구별하기 위해서 茶盌, 茶垸이라는 다른 한자를 사용하기도
한다.*

　차노유문화에서 말차를 음용할 때 다완을 사용하는데, 일상생활
에서 차를 우려서 마실 때 사용하는 그릇은 유노미자완(湯飲み茶碗
·湯呑み茶碗)이라고 한다. 한편, 영화에 등장하는 것은 주로 유노미
자완(湯飲み茶碗·湯呑み茶碗)이라는 찻잔으로, 차(잎차)를 마시기 위
해 사용하는 다완으로 통상 유노미(湯呑·湯飲み)라고 간단하게 부
른다. 유노미는 일반적으로 본인이 차를 마시기 위해서 사용하는
찻잔이다.

---

*　田中仙翁, 『茶道具入門』, 講談社, 1971年, p.155.

유노미자완은 다양한 형태가 있지만, 일반적으로 영화 속에 나오는 형태를 많이 사용한다. 가정에서 각자 마시는 유노미의 모양은 깊은 원통형, 얕은 원통형의 형태로 도기와 자기가 중심이지만 여름철에는 유리를 사용하기도 한다. 크기는 한 손으로 잡을 수 있을 정도이며, 집에서 느긋하게 차를 듬뿍 마시고 싶을 때는 머그잔과 같은 세로로 긴 모양의 큼지막한 나가유노미(長湯呑)를 선택하기도 한다. 그리고 손님이 방문했을 때는 영화에 등장하는 것처럼 우리가 흔히 알고 있는 찻잔과 차탁을 사용하여 차를 대접하기도 한다.

3) 가족의 중심 공간 차노마와 툇마루

영화 속에서 가족이 차를 마시는 주 공간은 식사를 하는 차노마(茶の間)라는 공간과 차노마와 연결되는 툇마루이다. 차노마와 툇마루를 이어주는 마루 복도가 있어서 이 둘은 하나로 연결된 공간이라고 해도 무방할 것이다. 우선 차노마의 유래를 살펴보면, 다회에 사용하는 다실이라는 의견이 있다. 그리고 센노리큐(千利休)가 차노유를 완성한 후, 무사 계급뿐만이 아니라 서민까지 확산된 차문화가 차노마라는 공간을 발생시켰다는 의견도 있다.

일본 차문화에는 일기일회(一期一会)*라는 다인의 마음가짐에 대한 가르침이 있는데, 이러한 마음가짐이 일상생활에 많은 영향을

---

* 이치고이치에(一期一会)는 다회의 마음가짐으로 리큐의 제자가 자신의 문헌에 기록하고 있는데, '일생에 단 한 번뿐인 만남'이라는 의미이다.

일본 전통주택에는 가족 중심의 공간으로 차와 식사를 하는 '차노마(茶の間)'가 있었다.(출처: https://house.muji.com)

끼치며 차노마라는 공간에서 가족의 유대감을 배양하는 가족 문화가 잉태되었다고 본다. 이것이 바로 일본 차문화가 일상생활에 미친 영향이라고 볼 수 있다. 따라서 차노마의 茶는 단순히 음료라는 역할을 초월해서, 긴 세월 축적된 차문화의 영향이 일상생활에 발현되어 가족 간의 유대감을 형성하게 했으며, 그곳이 가족의 중심 공간이 되었다.

그러나 오늘날 주택에서 차노마의 공간을 볼 수 있는 곳은 그리 많지 않다. 현대의 일상생활에서는 이웃과 분리된 리빙 룸이라는 가족 문화로 변화, 확산되어 새로운 가족 중심 공간으로 등장하였다.

또 하나의 작은 공간인 툇마루는 가족의 공간이기도 하지만 담소의 장소로 가족과 이웃이 공유하는 영역이라는 점이 중요하다. 툇마루는 나와 이웃이 우리가 되어 아주 친하고 가까운 사이가 되는 공간이다. 차가 담긴 찻잔, 따스한 온기가 감도는 찻잔을 통해서 모두에게 편안한 장소로 제공된다는 점에서 차노마와 동일한 역할

영화《차의 맛》中 차노마에 연결된 복도에서 하지메와 아버지가 바둑을 두고 있는데, 어머니가 찻잔을 가지고 와 차를 권한다. 이미, 하지메의 옆에는 찻잔이 있다.

을 하고 있다. 일본 주거문화에서 툇마루가 가지는 의미를 보자.

현관이 정식으로 인사를 나누는 장소라면 정원을 보고 있는 툇마루는 편안하고 느긋한 마음으로 이야기를 나누는 담소의 장소가 된다. 현관에서 안내를 청하는 서먹서먹한 사이가 아닌 친한 사이라면, 툇마루에 걸터앉아 이야기하기도 하고 댓돌에서 툇마루로 올라가 바로 방으로 들어갈 수도 있다.[*]

일본 전통가옥에서 툇마루의 의미는 이웃과도 경계를 허물 수 있는 곳으로, 사람과 사람 사이를 원만하고 원활하게 이어주는 공간이다. 가족이 편안하게 지내기도 하고 같이 차를 마시는 장소이기도 하며, 때로는 이웃사촌이 현관이 아닌 툇마루로 찾아와 차도 마시고 허물없는 힐링 수다로 소통하는 공간이다. 하루노 가족도 현관으로 출입하기보다는 툇마루로 들고나는 장면이 나온다. 그리

---

[*] 劍持武彦,『「間」の日本文化』, 朝文社, 1992年, p.79.

고 차노마와 연결된 복도나 툇마루에서 차를 마시거나 바둑을 두
는 장면으로 따스한 가족의 모습을 보여주고 있다. 이웃이나 가족
간의 끈끈한 정과 무언의 소통이 가능한 곳이다.

영화 속 찻잔 이야기

영화에 나오는 찻잔(유노미자완)이 그저 소품으로 사용되고 있는지,
아니면 찻잔으로서 역할이 있는지를 장소, 등장인물, 음용 및 대화
여부의 도표로 정리하여 그 의미를 알아보자.

〈표1〉 영화에 등장하는 찻잔

번호	장소	등장인물	음용	대화	찻잔	상황
1-1		엄마			2개(엄마, 사치코)	만화 그림 작업 중
1-1	부엌 식탁	엄마		○*	2개(엄마, 사치코)	카메라 렌즈: 찻잔으로 이동
1-2		엄마 할아버지		○	2개 (엄마, 할아버지)	만화 동작 의논
2	복도	사치코(딸)			1개	배를 깔고 독서
3	차노마: 식사 장면	가족: 부, 모, 아들, 딸, 조부		○	상 위: 각각 찻잔 아버지: 유리잔	엄마와 할아버지 대화 (만화 동작 이야기)
4	가게 안	남학생 4명		○	테이블: 찻잔 4개	하지메를 놀리려고
5	국수 가게	남녀손님 하지메		○	테이블: 찻잔 3개	하지메
6	부엌 식탁	엄마			찻잔 반쯤 보인다.	만화 그림 작업 중
6-1	툇마루	할아버지	○		찻잔 1개	노란색 찻잔 (할머니 사진)
7	만화가 사무실	직원, 만화가		○*	찻잔	직원: 선생님, 차 드실래요?
8	방	3명: 조부, 아들, 딸			찻잔 1개	하지메(누워 있다) 하지메 찻잔

9	복도	2명: 아버지와 아들			찻잔 1개	부자: 바둑 두기 엄마: 차를 갖고 옴
9-1		엄마 등장		○*	찻잔 2개	(母子가 대화)
10	툇마루 복도: 1명	4명: 엄마, 조부 삼촌, 사치코		○	찻잔 4개 할아버지: 노란색 찻잔	3명 차 마시다 할아버지 제외 사치코: "삼촌" 부른다
11	부엌 식탁	엄마		○	뚜껑 있는 찻잔	만화 그림 작업 사치코, 삼촌 귀가 둘이 어디 다녀와?
12	차노마: 식사 장면	가족 6명		○	상 위: 각각 찻잔 아버지 찻잔: 불확실	역에서 安田의 행패 식사 중: 이야기
13	부엌과 툇마루	가족 6명		○	식탁: 엄마 찻잔 차노마 밥상: 사치코 찻잔	부자: 바둑 두기 삼촌: 훈수
14	차노마: 식사 장면	가족 5명	○	○	상 위: 찻잔 4개 보인다.	사치코 합류
15	부엌, 차노마, 복도	가족 4명		○	차노마: 노란색 찻잔. 찻잔 빨간색 다관	부자: 바둑(복도) 사치코 부재 할아버지, 엄마 통화
16	만화가 사무실	5명		○	찻잔 1개(만화가)	찻잔: 해바라기 그림 형과 통화
16-1	만화가 사무실	만화가, 직원		○	찻잔	생일 노래에 관한 이야기
17	차노마: 식사 장면	가족 4명			찻잔	(할아버지 목욕 중) 아버지 유리잔(술?)
18	부엌 식탁	엄마			찻잔(뚜껑)	만화 그림 작업 중
19	차노마: 식사 장면	가족 6명, 손님 1명			밥상 위 찻잔	아버지: 유리잔(술?) 식사 후: 최면술 6명 참가
19-1	부엌과 차노마	7명			식탁 찻잔 3개 쟁반: 찻잔 4개	아버지: 茶 우리다 아버지 찻잔 등장
20	부엌	엄마와 남자(손님) 2명		○	손님용 찻잔 1개 (차탁과 찻잔)	만화 동작 이야기
21	학교 바둑 동아리방	6명	○	○	찻잔 6개 다양한 모양	하지메와 선배: 바둑

22	차노마	4명 〔엄마, 사치코, 남자(엄마 동료) 2명〕			찻잔 2개 엄마, 사치코	맥주잔 2개 초밥, 진흙 인간
23	학교 바둑 동아리방	6명(하지메, 여 학생…)	○		찻잔 5개 보인다.	시계, 찻잔
24	차노마: 식사 장면	가족 4명 (부모, 아들, 딸)		○	찻잔 3개	아버지: 유리잔
			할아버지 사후 / 엄마 재기 성공			
25	부엌	엄마			찻잔 4개	엄마: 차를 우리다
26	툇마루	가족 4명	○		찻잔 4개 아버지 찻잔 등장	아버지: 차 음용 가족 모두: 할아버지 방의 창문을 바라본다
27	툇마루	등장인물 없음			찻잔만 4개	할아버지의 노란색 찻잔이 사라지고 없다
28	학교 바둑 동아리방	6명	○	○	찻잔 4개 정도만 보이다.	바둑 하지메, 아오이
29	부엌	엄마	○		1개	만화를 그리며 차 마심
30	벤치	아버지				손 안에 유리병(술?)을 쥐 고 있다.

〈참고사항〉* : 대화 속에 茶라는 단어가 나오는 경우.

　영화 속에서 찻잔이 등장하는 장면을 분석하면 총 35컷이며 차를 마시는 장면은 7컷에 불과하다. 그리고 차를 우리는 장면 2컷, 차를 권유하는 장면이 2컷이다. 즉 영화 속의 찻잔의 역할은 차를 마시기 위한 것만이 아니라는 것을 알 수 있다. 그렇다면 찻잔의 등장에는 어떤 의미가 있을까?

　대화를 나누는 장면이 18컷, 대화가 없는 경우가 17컷이다. 그리고 茶라는 단어를 사용하는 대화는 3컷으로 차를 마시라는 정도의 이야기에 머물고 있다. 찻잔은 차 음용이라는 본래의 소임을 벗어나 28번이나 등장하고 있는 것이다.

茶를 마시는 장소를 살펴보면 부엌의 식탁이 9컷, 차노마 9컷, 툇마루와 복도 8컷, 학교 바둑 동아리 3컷, 만화가 사무실 3컷, 가게 2컷, 방이 1컷으로, 찻잔의 용도인 차를 마시는 경우는 많지 않다. 화면에 찻잔만 등장하는 경우가 많아 단순히 홈드라마를 위한 소품의 역할일 수도 있지만, 찻잔이 등장하는 장면은 가족과 함께인 경우가 대부분으로 27컷에 해당한다. 그리고 찻잔이 소품이 아니라는 것은 할아버지 사후, 노란색 찻잔이 등장하지 않는다는 점에 주목할 필요가 있다. 노란색 찻잔은 할아버지와 동일한 존재감을 갖고 있다. 또한 가족 개개인이 자신의 찻잔을 소유하고 있다는 것은 찻잔이 가족, 그 자체의 의미를 나타내기도 한다. 예를 들면 찻잔의 주인이 귀가하기 전이지만 저녁 밥상 위에는 그 당사자의 찻잔이 놓여 있다는 점에서 그렇다.

하루노 집안 사람들은 함께 공간을 공유하지만, 가족에게 부담을 주는 일이 없이 가족 개개인은 서로를 존중하고 있다. 등장인물의 대화는 전반적으로 지극히 제한되어 있으며 가족 간의 갈등이 전혀 없다. 할아버지는 가족과 대화를 나누는 장면조차 없지만 할아버지를 소외시키는 가족은 없으며 오히려 가족의 중심에 있다는 것을 알 수 있다. 재기에 성공한 엄마는 만화영화 감독에게 할아버지는 자신의 스승이라고 이야기하고 있으며, 사후 발견된 할아버지의 스케치북의 그림을 통해서도 그의 역할을 알 수 있다. 가족 간의 대화는 일방통행식의 화법이 대부분이지만, 그것이 마음을 주고받는 소통방식이며 극도로 말을 아끼고 있다.

소통은 언어라는 매개체가 없어도 가능하다는 것을 보여주는 영화이다. 상대방의 의도를 이해하고 심리적으로 긴밀하게 연결되어 있을 때 언어는 필요하지 않다. 그리고 이러한 간극에 등장하는 것이 찻잔이다.

관객의 시선이 찻잔에 머물 듯이, 가족들 각자의 시선도 무심한 듯 보이지만 짤막한 대화 속에, 아니면 무언 속에 그 시선이 가족에게 머물러 있음을 보여주고 있다. 그리고 가족과 함께 자리하며 움직이는 것이 찻잔이다. 그러므로 찻잔은 차를 마시는 장면이 없어도 등장하고 있다.

1) 茶, 삶을 품고… 찻잔, 사람을 품는다

영화에서 찻잔은 사람의 수와 동일하게 등장한다. 차는 일본인에게 있어 일상생활의 동반자이다. 그리고 찻잔은 가정, 사무실, 학교 동아리, 음식을 파는 가게 등 일본인의 일상 어느 곳에나 존재한다. 그리고 가정에는 각자 개인 소유의 찻잔이 존재한다. 일본 가정에는 찻잔의 소유자가 정해져 있는데, 일본인의 일상을 들여다보면 가족 모두가 자신의 찻잔을 사용하는 생활문화가 있다는 점이다. 일본 가정은 찻잔뿐만이 아니라 젓가락이나 밥공기도 각자의 것

영화 《차의 맛》中 식구들 각자 자신의 곁에 찻잔이 있으나, 아버지의 찻잔만 멀리 떨어져 있다.

을 정해 놓고 사용하는 식습관이 있다. 가족끼리라도 다른 가족의 젓가락이나 밥그릇, 찻잔을 사용하지 않는 식문화가 존재한다.

영화에서 이러한 식문화를 살펴보면, 할아버지의 노란색 찻잔이 강력한 인상을 주고 있으며, 할아버지는 항상 노란색 찻잔을 사용하고 있다. 엄마와 딸인 사치코의 찻잔도 정해져 있으며, 두 사람의 찻잔에는 서로 다른 문양이 그려져 있어 확실하게 두 사람의 존재를 나타내고 있다. 아버지의 경우는 항상 유리잔으로 음료를 마시고 있으며, 손으로 잔을 움켜쥐고 있어서 그 모습을 관객에게 정확히 보여주고 있지 않는 것도 특이한 사항이다. 영화 포스터에서조차 아버지의 찻잔은 가장 먼 곳에 있으며, 식구들 찻잔의 위치와 간격에서 아버지의 섭섭함이 느껴진다.

아버지의 찻잔은 후반부에 등장하는데, 결코 자신의 소유임을 나타내지 않는다. 자신의 찻잔임을 명시하는 것은 할아버지 사후, 툇마루에서 식구들과 차를 마시는 장면이다.

툇마루에서 찻잔을 들고 있는 가족의 모습이 화면에 전개되고, 다시 찻잔만이 놓여 있는 화면으로 이어지면서 가족의 모습은 사라진다. 이러한 화면의 연속성은 가족의 존재가 찻잔으로 이어져 할아버지의 빈자리를 나타내며 가족의 의미를 이끌어내고 있다. 할아버지의 노란색 찻잔이 빠진 4개의 잔이 오롯이 놓여 있는 모습은 할아버지의 죽음에 대한 가족의 슬픔을 여과 없이 그대로 전한다. 사라진 노란색 찻잔은 바로 할아버지의 모습으로서 그 빈자리의 존재감이 더욱 커지며 슬픔의 파도가 조용히 밀려온다.

삶의 관계가 끝난 할아버지 찻잔이 사라진 것은 모든 관계가 종

영화《차의 맛》中 할아버지 사후 가족들은 손에 찻잔을 들고 툇마루에 앉아 있다. 배경에 할아버지의 영정사진이 보인다.

말이 되었음을 고하고 있다. 인간은 늘 타자와의 끊임없는 상호작용에 놓여 있다. 따라서 삶의 관계는 나와 타자 사이에 놓인 살아 있는 관계를 보여주는 것이다.[*] 찻잔은 가족 상호간의 매개체의 역할로 무언의 소통을 담당하면서 또한 개개인의 존재를 나타내고 있다.

영화 속의 등장인물들은 극히 제한된 대화만 나누고 있을 뿐이지만, 우호적이고 수평적이면서 상호적인 가족관계를 보여주고 있다. 근대사회의 가부장적인 가족의 모습은 보이지 않는다. 서로의 이야기를 들어주지만 굳이 강요하는 모습도 대답을 요구하는 장면도 없다. 또한 대화나 대답이 없어도 위화감이 전혀 없이 자연스럽게 흘러간다. 그리고 관객의 마음을 조금도 불편하게 만들지 않는

---

[*]   홍진혁, 「빌헬름 딜타이의 이해 모델 연구」, 고려대 석사논문, 2015, p.73.

다. 이것은 가족 간의 상호작용 속에 서로를 존중하는 따스한 마음이 있기 때문이며, 건강한 가족관계가 형성되어 있다는 것을 증명한다. 건강한 인간관계에 대해서 문요한 씨는 다음과 같이 서술하고 있다.

조화롭고 건강한 관계는 둘이 만나 하나가 되는 관계가 아니라 서로의 개별성을 존중하는 관계라는 의미이다. 만일 그렇지 못하고 둘이 하나가 되려고 하면 그 순간부터 갈등으로 얼룩지고 만다. 갈등이 커지는 이유는 서로의 차이가 커서가 아니라 서로의 차이를 존중하는 마음이 없기 때문이다.*

하루노 일가는 어울리되 같아지기를 요구하지 않는 건전한 마음이 녹아 있는 조화로운 관계를 형성하고 있어 가족 간 갈등의 소지가 거의 없다. 서로 있는 그대로를 바라보는 시선이 영화의 여러 장면에서 볼 수 있으며, 이것은 서로의 존재를 인정하고 있다는 증거이다. 그리고 그러한 존재감을 보여주는 것이 끊임없이 등장하는 영화 속의 찻잔이며, 툇마루에 놓인 4개의 찻잔의 간격은 건강한 가족관계의 척도를 나타내고 있다. 함께 있되 거리를 두라는 칼릴 지브란의 시구詩句**의 메시지가 4개의 찻잔에 용해되어 있으며, 삶

---

* 문요한, 『관계를 읽는 시간』, ㈜길벗, 2018, p.190.
** 함께 있되 거리를 두라. 그래서 하늘 바람이 너희 사이에서 춤추게 하라
  서로 사랑하라. 그러나 사랑으로 구속하지 말라.
  그보다 너희 혼과 혼의 두 언덕 사이에 출렁이는 바다를 놓아두라.

영화《차의 맛》中 가족의 모습 대신 4개의 찻잔이 툇마루에 놓여 있다. 할아버지의 노란색 찻잔은 보이지 않는다.

의 무게를 담고 있는 묵직한 찻잔의 존재감이 가족의 모습으로 오버랩된다.

찻잔의 존재감이 가장 도드라지는 것은 할아버지의 찻잔이다. 그러나 노란색 찻잔은 보이지 않고 툇마루에 남겨진 남은 가족의 찻잔 4개는 할아버지가 떠난 빈자리, 그리고 슬픔, 할아버지의 존재를 나타내고 있다. 찻잔은 우리의 삶의 무게, 가족의 존재감, 가족 간의 무언의 소통 매개체로서 역할을 하고 있다. 더욱이 노란색 찻잔이 사라지고 툇마루에 놓여 있는 4개의 찻잔에서 그 의미가 한층 증폭된다.

서로의 잔을 채워 주되 한쪽의 잔만을 마시지 마라.
서로의 빵을 주되 한쪽의 빵만을 먹지 말라.
함께 노래하고 춤추며 즐거워하되 서로는 혼자 있게 하라.
_〈함께 있되 거리를 두라〉에서 일부 발췌

참고 문헌

노정아, 『영화, 차를 말하다』 「화과자 이야기」, 자유문고, 2022.

문요한, 『관계를 읽는 시간』, ㈜도서출판 길벗, 2018.

홍진혁, 「빌헬름 딜타이의 이해 모델연구」, 고려대학교 석사논문, 2015.

劍持武彦, 『「間」の日本文化』, 朝文社, 1992.

田中仙翁, 『茶道具入門』, 講談社, 1971.

井口海仙, 永島福太郎監修, 『茶道辞典』, 淡交社, 1979.

https://www.ooigawachaen.co.jp, 大井川茶園 公式ブログ.

https://www.cinematoday.jp, 『茶の味』 石井克人監督独占 인터뷰, 2004.

운명적 스승,
가야만 하는 길의
지도를 읽을 수
있게 하는 자

영화 《죽은 시인의 사회》

• 이현정 •

전남대학교 불어교육과를 졸업하고, 목포대학교 대학원 국제
차문화과학과에서 「강진 백운옥판차 고찰」로 문학석사학위를,
「한국 전통 제다법에 대한 융복합 연구」로 이학박사학위를 받
았다. 우리나라 최초의 차 브랜드 백운옥판차를 만든 다부(茶
父) 이한영의 고손녀로, 현재 이한영茶문화원 원장을 맡고 있
다. 어렸을 때부터 할머니와 어머니로부터 집안의 전통 제다법
을 익혀 온 제다 숙련자이자, 다산 정약용-이시헌-이한영으로
이어지는 한국 전통 제다법의 계승자이기도 하다. 최근에는 문
화재청의 제다 전승 공동체 활성화 지원 사업을 수행하며 한국
전통 제다문화의 계승과 발전을 위해서도 노력하고 있다.

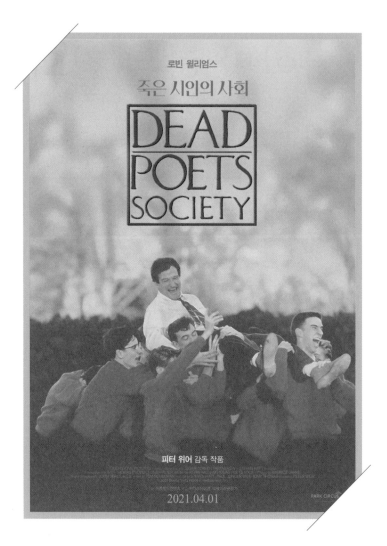

죽은 시인의 사회

감독 피터 위어, 주연 로빈 윌리엄스

미국, 1989

인간은 꿈을 통해서만 진정한 자유인이 되는 법,
항상 그래왔고, 또 항상 그럴 것이다.
_영화《죽은 시인의 사회》중 키팅의 대사

"자, 이리 와.": 영화《죽은 시인의 사회》

차 관련 영화를 대상으로 글을 써달라는 부탁을 받았을 때, 몇 편의
영화가 떠올랐다.《일일시호일日日是好日》,《경주慶州》,《리큐에게
물어라(利休にたずれよ)》등. 하지만 모두『영화, 차를 말하다』1편
에서 다뤄진 영화였다. 마땅히 선택할 수 있는 영화가 떠오르지 않
아 포기할까 하다가, 영화보다는 차라리 차를 소개하는 것이 어떨
까 하는 생각이 들었다.

바로 '금릉월산차金陵月山茶'다. '금릉'은 강진의 옛 지명이고, '월
산'은 월출산을 지칭하는 말이다. 그러니 '금릉월산차'는 '강진의
월출산 차'라는 뜻이다. 그런데 이 차는 다산 정약용(茶山 丁若鏞,
1762~1836)이 강진에서의 긴 유배 생활을 마치고 고향 남양주로
돌아간 뒤, 그의 강진 제자 중 가장 연소年少하였던 이시헌이 스승
다산에게 보낸 것이라는 점에서 특별하다. 더욱이 다산 선생이 돌
아가시고 난 뒤에는 그의 아들 서산 정학연(酉山 丁學淵, 1783~1859)

〈금릉월산차〉 상표

에게까지 보냈다고 하고, 세월이 흘러 젊었던 이시헌(李時憲, 1803~1860)이 세상을 뜬 후에는, 그 후손이 대를 이어 100년 넘게 다산가(茶山家)에 이 차를 보냈다고 한다. 대체 다산은 어떤 스승이었기에 이런 일이 가능했던 것일까.

스승과 제자가 맺은 약속을 100년 넘게 지켰다니! 세계사에서도 이런 사례는 찾기 힘들며, 이토록 아름다운 이야기를 품은 차는 없다. 스승과 제자를 소재로 한 감동적인 영화로 각을 좁히니 대번 떠오르는 영화가 《죽은 시인의 사회(The Dead Poets Society)》다. 고등학교 2학년 때 교사의 꿈을 꾸면서 보았고, 실제 교사가 되어서는 '아이들을 어떻게 가르치는 선생이 될 것인가?'라는 질문을 던지며 보았던 영화이다. 물론 나의 경우와는 달리, 'Carpe Diem'*, 'O Captain, My Captain'** 등 유명 대사로써, 키팅 선생을 떠나보

---

*   '오늘을 잡아라(Seize the Day)'라는 뜻이다. 매 순간 현재의 중요성을 인식하고 열심히 생활하라는 의미로 해석된다. 키팅은 한 학생에게 영국 시인 로버트 헤릭(Robert Herrick)의 「시간을 버는 처녀들에게(To the Virgins, to Make Much of Time)」의 구절을 읽게 한다: "네가 모을 수 있을 때 장미 꽃송이를 모으라, 오래된 시간은 지금도 흘러가고. 오늘 웃고 있는 이 꽃은 내일은 죽어 사라지리니." 청춘과 아름다움의 덧없음을 나타내고 있는 이 시를 설명하면서 키팅은 "카르페 디엠(Carpe Diem)"을 외친다.

**   1865년에 링컨 대통령이 암살당한다. 월트 휘트먼(Walt Whitman)은 그를

내며 학생들이 책상에 올라서는 장면으로써, 키팅 선생이 수업 시간에 처음 들어와 말없이 교실 밖으로 나가며 "자, 이리 와"라고 학생들에게 명령하여 장차 학생들을 엄청난 여정의 길로 인도할 것이라는 교육적 암시로써 기억하는 이들도 있을 것이다. 어느 경우이건 간에, 키팅이라는 운명적 스승이 그 중심에 놓여 있음을 알 수 있다. 차를 매개로 한 다산과 제자의 관계, 그리고 차 그 자체를 논하기에 더없이 좋은 영화가 아닐 수 없다.

영화의 배경은 1950년대 미국의 보수적인 사립고등학교인 웰턴 아카데미(Welton Academy)다. '전통(Tradition), 명예(Honor), 규율(Discipline), 탁월(Excellence)'을 4대 원칙으로 삼고 있는, 이 학교의 교육목표는 오직 학생들을 아이비리그(Ivy League)*에 진학시키는 것이다. 부모들은 자녀들의 꿈이 무엇인지 귀담아듣지 않는다. 아이비리그에 진학한 뒤 꿈을 꾸라고 한다. 교사들은 학생들의 잠재력을 키우거나 꺼내려 하지 않는다. 오직 지식을 주입할 뿐이다. 학생들은 자신의 꿈이 무엇인지, 어떠한 잠재력을 가지고 있는지 깨

추모하려고 시를 썼는데, 'O Captain, My Captain'은 이 시의 제목 및 시 중에 주요한 표현으로 등장한다. "O Captain! my Captain! our fearful trip is done(오, 선장님! 나의 선장님! 끔찍했던 우리의 항해는 끝났소.)"으로 시작되는 시이다.

* 미국의 북동부 지역에 있는 8개 사립대학(하버드대학교, 예일대학교, 프린스턴대학교, 컬럼비아대학교, 펜실베이니아대학교, 브라운대학교, 다트머스대학교, 코넬대학교)으로 구성된 대학군을 지칭한다. 원래는 미국 대학의 스포츠 리그 중 하나를 가리키는 말이었다. 소속 대학교들이 모두 담쟁이덩굴(Ivy)로 꾸며져 있었기 때문에, 아이비리그(Ivy League)라고 불렸다.

닫지 못한 채 주어진 환경에 순응한다.

이 보수적인 학교에 새로운 선생이 부임한다. 그의 이름은 존 키팅이고, 웰턴 아카데미 출신이다. 영문학 과목을 맡은 키팅 선생은 학생들에게 자신을 선생님이 아닌 '오, 선장님, 나의 선장님(O Captain, My Captain)'이라고 불러도 좋다고 말하며 독특한 수업 방식으로 학생들을 당황시킨다. 전통적 방법으로 '시의 이해'를 가르치는 듯싶더니, 갑자기 프리차드 박사(Dr. J. Evans Pritchard)가 쓴 시의 이해방식을 철저히 거부한다면서 학생들에게 해당 페이지를 찢어버리도록 한다. 프리차드 박사의 시 이해방식은, 시를 수학처럼 도식화된 공식에 적용해 그 가치를 매기는 것이었다. 말하자면 상상력과 창의력보다는 획일화된 규범을 중시하는 기성세대와 그들의 가치관을 대변하는 방식이었다. 대신에 키팅은 시는 절대로 그 가치를 잴 수 없는 것이므로, 시를 읽고 스스로 사고하고 언어를 음미해야 한다고 말한다. 학생들이 프리차드 박사의 시 이해방식이 쓰여 있는 페이지를 찢어내자 곧바로 'Poetry'라는 단어가 나타나는 것은, 키팅의 이러한 시 이해방식을 상징적으로 나타내준다.

키팅 선생은 학생들에게 교탁에 올라 서 보게도 한다. 세상을 다른 각도로 보고, 잘 알고 있는 것도 다른 시각으로 봐야 한다면서. 독서를 할 때는 작가의 생각뿐 아니라 너희들의 생각도 중요하다고 말한다. 자기 자신의 목소리를 찾는 데 집중하라면서. 학생들은 키팅 선생의 독특한 강의 방식에 대해 이상하게 생각하면서도 점차 끌려간다. 공부가 인생의 전부였던 학생들은 키팅 선생을 만나면서 진정한 인생의 의미를 깨달아간다.

영화《죽은 시인의 사회》中 키팅 선생이 교탁에 올라 서 있는 장면과 책의
서문을 찢는 장면

　이처럼《죽은 시인의 사회》의 키팅 선생은, 제자를 향한 선생의
자세는 어떠해야 하는가 라는 점에서 우리에게 유익한 시사점을
준다. 그런데 키팅의 이러한 모습은 다산 정약용이 제자를 대하는
태도와 사뭇 흡사한 바가 있다. 따라서 이들은 어떤 선생이었는가
를 함께 견주어 살펴보는 것은, 이후 논의를 끌어가는 데 도움을 줄
것이라고 본다.

내면의 힘을 이끌어낸 존 키팅과 다산 정약용

한양대 국문학자 정민 교수는 『삶을 바꾼 만남』이라는 책의 서문
에서 "만남은 맛남이다. 누구든 일생에 잊을 수 없는 몇 번의 맛난
만남을 갖는다. 이 몇 번의 만남이 인생을 바꾸고 사람을 변화시킨
다."라고 하였다. 단 한 번으로도 평범한 삶을 비상非常한 삶으로 전
환시키는 만남, 다산 정약용과 열다섯 살 황상(黃裳, 1788~1870)과
의 만남이 그런 게 아닐까? 키팅 선생과 수줍고 주눅 들어 있던 토
드(Todd)와의 만남이 그런 게 아닐까?

수줍은 전학생 토드는 시를 써오라는 숙제를 하지 않아 잔뜩 기죽어 있는데, 키팅 선생은 그에게서 숨겨진 본성을 이끌어낸다. 잠재되어 있던 시적 감성이 튀어나오자, 교실의 학생들뿐 아니라 토드 자신도 놀란다. 키팅 선생은 토드의 머리를 감싸 안으며, "너의 내면에는 보물이 가득 들어 있다. 오늘 수업을 기억해라."라고 말한다. 훗날 토드는 키팅 선생이 학교에서 부당하게 파면되어 떠나는 날 가장 먼저 책상에 올라 "오, 선장님, 나의 선장님"을 외친다.

다산 정약용이 강진에서 유배 생활을 한 기간은 1801년부터 1818년까지 18년 동안이다. 다산은 이 기간에 수많은 책을 집필하였고, 아암 혜장(兒庵 惠藏, 1772~1811)이나 초의 의순(草衣 意恂, 1786~1866) 같은 승려들과 교유하면서 유교와 불교의 소통을 이끌었다. 또한 독창적 교육방식으로 제자들을 길러냈다. 당시 머물던 동문東門 밖 주막집에 작은 서당을 열었고, 1802년 그곳에서 열다섯 살의 소년 황상을 만난다.

다산은 소년 황상에게 크게 되려면 공부를 열심히 해야 한다고 말한다. 그러자 황상은 "저는 세 가지가 부족합니다. 하나는 너무 둔하고(둔鈍), 둘째는 앞뒤가 꽉 막혔으며(체滯), 셋째는 답답합니다(알戛)."라며 부끄러워한다. 다산은 어린 황상을 격려한다. "배우는 사람에게는 보통 세 가지 큰 문제가 있단다. 첫째, 외우는 데 민첩하면(敏) 그 폐단이 소홀한 데 있고, 둘째, 글짓기에 날래면(銳) 그 폐단이 들뜨는 데 있다. 셋째, 깨달음이 재빠르면(捷) 그 폐단은 거친 데 있다. 그런데 너는 그 세 가지 중 아무것도 없으니 공부하는 데 아무 문제가 없겠구나."

존 키팅과 다산 정약용

　이어 다산은 "대저 둔한데도 들이파는 사람은 그 구멍이 넓어진다. 막혔다가 터지면 그 흐름이 성대해지고, 답답한 데도 연마한 사람은 그 빛이 반짝반짝 빛나게 된다. 뚫는 것은 어떻게 해야 할까? 부지런히 해야 한다. 틔우는 것은 어떻게 해야 할까? 부지런히 해야 한다. 연마하는 것도 부지런히 해야 한다. 네가 어떻게 부지런히 해야 할까? 마음을 확고하게 다잡아야 한다."라고 덧붙인다. 이후 황상은 스승에게 받은 이 글을 60년 동안 간직하며, '부지런하고, 부지런하고, 또 부지런하여'라는, 소위 삼근계三勤戒를 자신의 신조로 삼아 평생을 성실하게 공부한다. 추사 김정희(秋史 金正喜, 1786~1856)로부터 '역시 다산 선생이 아꼈던 애제자답다!'라는 평을 들을 정도로, 황상이 이룬 시의 성취는 대단하였다. 있는 그대로 황상의 모습을 인정해주면서 '넌 할 수 있어!'라는 내면의 힘을 이끌어낸 다산의 교육관, 그것은 한 사람의 일생을 좌우하며 엄청난 결실을 만들어냈다.

공명共鳴하는 《죽은 시인의 사회》와 다신계

《죽은 시인의 사회》에서 학생들은 키팅의 가르침을 받으면서 점차 변하더니, 마침내는 '죽은 시인의 사회'를 결성하기에 이른다. '죽은 시인의 사회'는 키팅이 학생 시절에 만들었던 비밀동아리였다, 그런데 키팅의 가르침에 완전히 감화된 제자들이 키팅의 길을 그대로 따라가고자 한 것이다. 키팅의 말을 빌리자면, "'죽은 시인의 사회'는 삶의 골수를 빨아들이기 위해 헌신했었"던 비밀동아리다. 삶의 골수란 무엇인가? 삶의 본질이 아니겠는가. 우리는 살아가면서 비장한 결심을 여러 번 하지만, 삶의 본질을 깨우치기 위해 '비장하게' 결심하는 경우는 드물다. 쟁취할 이익이 여기저기 널려 있는 현실에 거리를 두어야 하는데, 어찌 그것이 쉽겠는가.

깊이 동감하여 함께하려는 생각, 말하자면 공명共鳴이다. 그것이 스승의 길에 공명하려는 제자들의 자세라면, 그 스승은 더할 나위 없이 행복하겠다. 상황과 목적은 다소 다르지만 키팅의 제자들처럼 다산의 제자들도 동아리를 만든다. 다산이 18년간의 강진 유배 생활을 마치고 고향에 돌아가게 되었을 때에, 제자들은 소위 '다신계'를 만들어 스승과의 인연을 지속시키고자 한다. 표면적으로는 차를 매개로 만들어진 결사체처럼 보이지만, 선생이 가르쳐 준 글공부, 삶의 본질을 꿰뚫어보는 지혜 등에 대한 믿음이 없다면, 그래서 그것에 공명하지 못한다면 어찌 솔선수범의 모임이 만들어지겠는가.『다신계절목茶信契節目』에 저간의 사정이 다음과 같이 기록되어 있다.

무인년(1818) 팔월 그믐날 여러 사람이 의논했다.

사람이 귀하다는 것은 신의가 있기 때문이다. 서로 무리를 지어 즐기다가 흩어진 뒤에 서로 잊어버린다면 금수禽獸의 짓이다. 우리 18여 명은 무진년(1808) 봄부터 오늘에 이르기까지 형이나 동생같이 모여서 글공부를 하였다. 이제 함장(函丈: 자기를 가르치고 바르게 이끌어주는 사람)이 북녘으로 돌아가고, 우리는 별처럼 흩어져 아득히 서로 잊고 생각하지 않게 되면 강신講信*의 도리 또한 방정맞은 것이 아니겠는가? 작년 봄 우리는 이 일을 염려하여 돈을 모아 계를 만든 것이 시작이다.**

다신계에서 가장 중요한 덕목은 '신의'였다. 다신계는 스승에 대한 학문적 존경심을 바탕으로 스승과 제자, 동창들 간의 신의를 지키고자 조직된 모임이었다. 다신계의 약조 항목은 8개조로 이루어졌는데, 그중 4개 조항이 차와 관련된 내용이다. 계의 주된 목적 중

---

* '선현여능 강신수목(選賢與能 講信修睦)'이란 말이 있다. 『예기禮記』 '예운편禮運篇'에 나오는 구절이다. 동양에서는 대동세계大同世界를 이상향으로 제시하였다. 오늘날로 치환시켜 말하자면, 보육·양로·취업·의료·결혼·치안 등의 문제가 모두 해소된 사회를 말한다. 이 대동세계, 이상사회를 구현하는 핵심이 바로 '선현여능 강신수목'이다. '현명하고 능력 있는 사람에게 정치를 맡겨 믿음과 화목을 가르치고 닦는다'면 대동세계, 이상세계가 구현될 것으로 보았다. 조선시대 전국에 설치되었던 강신소, 강신당은 이러한 교육적 기능을 담당하였다.

** 『다신계절목』 서문 부분. "所貴乎人者 以有信也, 若輩聚而相樂旣散而相忘, 是禽獸之道也. 吾輩數十人, 奧自戊辰之至, 于今日, 輩居績文如兄若弟今, 函丈北還, 吾輩星散, 若遂漠然相忘不思, 所以講信之道, 則不亦佻乎."

하나가 다산에게 차를 안정적으로 공급하는 데에 있었다는 것을 알 수 있다. 다신계는 차를 스승에게 보내면서 스승이 가르쳐 준 학문적 지도에 공명하자는 모임이었던 것이다.

다신계의 모임과 관련하여, 우리의 주목을 끄는 이는 이시헌이다. 이시헌은 나이가 어려 다신계 열여덟 제자의 명단에는 오르지 못했다. 그렇지만 스승과의 약속을 처음부터 끝까지 지킨 제자였다. 이는 1827년 다산이 이시헌에게 보낸 편지 중에 "차의 일은 이미 해묵은 약속이 있었으니, 이번에 환기시켜 드리네. 조금 많이 보내주면 고맙겠네(茶事旣有宿約 玆以提醒 優惠幸甚)."*라고 한 데서 파악된다. 그리고 '해묵은 약속'이라고 표현한 것으로 보아, 다산이 해배된 때 결성되었던 '다신계'를 언급한 것임을 알 수 있는 것이다.

다산은 〈단오일에 육방옹의 초하한거 시 여덟 수를 차운하여 송옹에게 부치다(端午日次韻陸放翁初夏閑居八首寄淞翁)〉라는 시에서도 "남녘 선비는 정이 깊어 매년 차를 부쳐온다네."라고 하였다. 1828년 5월 5일에 쓴 시이다. 다산이 해배된 때로부터 10년이 지난 시점이다. 여기서 말한 '남녘 선비'는 다신계 계원에 속하지는 않았지만 계속해서 다산에게 차를 보냈던, 강진 백운동의 이시헌으로 추정된다.** 1830년 3월 15일에도 다산은 이시헌에게 편지를 보내, 차를 만드는 방법을 상세하게 설명하면서 다시 차를 부탁하고 있다.

---

*   정민, 『새로 쓰는 조선의 차문화』, 김영사, 2011, p.268.

**   박희준, 「다신계의 전승과 후예」, 『다신계결성 200주년 기념 제3회 강진 차(茶)문화 학술대회자료집』, 2018, p.23.

삼증삼쇄 제다법이 적힌
다산의 편지

올해 들어 병으로 체증이 더욱 심해져서 잔약한 몸뚱이를 지탱
하고자 오로지 차떡에 의지하고 있네. 이제 곡우 때가 되었으니,
다시 계속해서 보내주기 바라네. 다만 지난번 보내준 차떡은 가
루가 거칠어 심히 좋지 않았네. 모름지기 세 번 찌고 세 번 말려
서 아주 곱게 갈고, 또 반드시 돌 샘물로 고르게 조절하여 진흙
같이 짓이겨서 작은 떡으로 만든 뒤에야 찰져서 마실 수가 있다
네. 살펴주면 좋겠네.*

이 편지글을 통해 이시헌이 다산에게 해마다 차를 만들어 보내
고 있었음을 거듭 확인할 수 있다. 여기서 다산은 삼증삼쇄三蒸三曬
의 방법으로 차를 만들어 달라고 부탁하고 있는데, 삼증삼쇄는 여
러 번 찌고 말리는 구증구포법의 번거로움을 대폭 수정한 제다법

---

* 丁若鏞,〈康津白雲洞李大雅書几敬納〉"年來病滯益甚 殘骸所支 惟茶餠是靠 今
當穀雨之天 復望續惠 但向寄茶餠 似或粗末 未甚佳 須三蒸三曬 極細硏 又必
以石泉水調勻 爛搗如泥 乃卽作小餠然後 稠粘可饁 諒之如何."(정민, 앞의 책,
p.120)

이다.*

다산 사후 21년이 지난 뒤에도 차를 다산가에 보내는 일은 계속되었다. 1857년 11월 22일 다산의 장남 정학연이 이시헌에게 보낸 〈백운산관에 보내는 정학연의 답장(謹拜謝上白雲山館經几下)〉에서는 "네 첩의 향기로운 차와 여덟 개의 참빗은 마음의 선물로 받겠소. 깊이 새겨 감사해 마지않소(四帖香茗 八箇細篦 仰認心貺 鐫感曷極)."**라고 하였다. 이시헌이 다산의 사후死後에도 계속해서 다산가에 차를 보냈다는 것을 알 수 있다. 이를 두고 범해 각안(梵海 覺岸, 1820~1896)은 〈다가茶歌〉에서 "월출산에서 나온 것은 신의를 가벼이 여김을 막는다네(月出出來阻信輕)."라고 칭송하였다. 이시헌이 월출산의 찻잎으로 차를 만들어 다신계의 약속을 계속해서 지켜왔음을 보여주는 구절이다.

스승을 기억하며: "O Captain, My Captain"과 백 년의 약속

《죽은 시인의 사회》에서 키팅은 선생이라는 지위를 남용하여 닐이라는 학생을 죽음으로 몰고 갔다는 죄를 뒤집어쓰고 학교에서 쫓겨난다. 그런데 키팅이 학교를 떠나기 전에 자신의 짐을 가지러 교실에 들르자 학생들은 하나둘 책상 위로 올라가 "오, 선장님, 나의 선장님"을 외치며 키팅 선생에 대한 존경심을 표한다. 그들에게 키

---

*   유동훈, 「다산 정약용의 고형차(固形茶) 제다법 고찰」, 『한국차학회지』 21(1), 한국차학회, 2015, 34~40쪽.

**   丁學淵, 〈謹拜謝上白雲山館經几下〉.

팅은 영원한 스승이자 험난한 인생의 길을 바르게 이끌어 줄 선장 같은 존재였다는 점을 행동으로 보여준 것이다. 비록 키팅은 그들을 더는 가르칠 수 없게 되었지만, 학생들은 자신의 신념에 따라 삶을 개척하며 그 본질에 투철하라는 스승 키팅의 가르침을 계속해서 지키겠다는 무언의 약속을 한 것이다.

그런데 스승 다산과 차로 맺은 약속이 이시헌에서 그치지 않고, 대를 이어 지켜졌다는 점에서 우리는 키팅에 대해 제자들이 보여주었던 행위 그 이상을 보게 된다. 그 약속을 대를 이어가며 무려 100년 이상 지켜왔기 때문이다. 일본 학자 아유카이 후사노신(鮎貝房之進, 1864~1946)은 다산의 현손(玄孫: 고손) 정규영(丁奎英, 1872~1927)에게 금릉월산차를 대접받은 일을 「차 이야기(茶の話)」*에 다음과 같이 기록하고 있다.

나는 몇 해 전 다산 정약용의 저서를 조사하기 위해서, 그의 현손에 해당하는 규영 씨가 있는 경기도 양근 마현리를 방문하였다. 정약용의 별호 다산은 사실 전남 강진에서 귀양살이하던 산의 이름에서 따온 것으로서, 지금도 강진 다산의 마을 사람이 다산 선생의 유덕을 경모해서 매년 이른 봄에는 선생 유법의 차를 보내온다고 하며 보여준 것은 세로 5촌(15cm), 가로 2촌(6cm)

---

* 아유카이 후사노신(鮎貝房之進)의 「차 이야기(茶の話)」는 1932년 6월호 『조선朝鮮』에 실은 「조선에서의 차에 대하여(朝鮮に於ける茶に就いて)」에서 도판圖版을 뺀 후, 같은 해 『잡고(雜攷)』 제5집에 「차 이야기(茶の話)」로 제목을 바꿔서 실은 것이다.

정도의 종이봉투 표면에 붉은색으로 「금릉월산차」라고 찍혀 있
는 봉투에 넣어져 있었다. 이것을 열어 점검해보니 싹은 굵고 길
어 1촌(3cm) 정도가 되는 자못 훌륭한 것으로서, 시험 삼아 그것
을 달여서 맛보았더니, 차의 향기 등은 거의 없고, 달지도 쓰지
도 떫지도 않았기 때문에, 이것은 차가 아닌 산차(山茶: 동백)의
어린 싹(嫩芽)으로 만든 것이라는 생각이 들었다.[*]

정규영의 생몰연대로 미루어보아 아유카이 후사노신이 여유당
與猶堂을 방문한 것은 1920년대 초반으로 짐작된다. 정규영은 금
릉월산차가 다산 선생의 유덕(遺德)을 경모하여 매년 이른 봄에
강진에서 보내오는 것이라고 설명하고 있다. 범해 각안(梵海 覺岸,
1820~1896)의 말대로 월출산에서 난 차는 신의를 잃지 않았던 것
이다.

금릉월산차에 대한 정보를 정리하면 다음과 같다. 첫째, 다산의

---

[*]   鮎貝房之進, 『雜攷』第五輯 「茶の話」, 近澤出版部, 1932, 104~105쪽.
       私は先年茶山丁若鏞の著書を調査せんが爲めに, 其の女孫に當る奎英氏を京
       畿道楊根馬峴里に往訪いたしましたが, 丁若鏞の別號茶山は全く全南康津謫
       居の山名に取つたもので, 今も康津茶山の村民が茶山先生の遺德を景慕し,
       年々早春には先生の遺法の茶を贈り來るとて示されしは, 縱五寸, 幅二寸許
       の紙袋の表面に朱にて「金陵月山茶」と印したるに封入してありました. 之を
       開き點檢せしに, 芽は太く長く寸許もあり, 如何にも見事なもので, 試に之を
       煎じて味ひましたが, 茶の香氣などは殆んど無く, 甘くも苦くも澁くも無さ
       もので, 是は茶で無い山茶(ツバキ)の嫩芽を製したものであることに思ひ付
       きました.

제다법으로 만들어졌다. 둘째, 세로 5촌(15cm), 가로 2촌(6cm) 크기의 포장지에 포장되었다. 셋째, 금릉월산차라는 상표인이 붉은색으로 찍혀 있었다. 넷째, 1창으로 만들어진 차였다. 다산이 잎차 제다법이 전승되어 금릉월산차로 태어난 것이다. 금릉월산차를 만든 사람에 대한 구체적인 기록은 없다. 그런데 이로부터 10여 년 뒤인 1940년에 이에이리 가즈오(諸岡存)와 모로오카 다모스(家入一雄)가 공저로 출판한『조선의 차와 선(朝鮮の茶と禪)』에 의하면, 금릉월산차 제조자가 바로 이한영(李漢永, 1868~1956)이라는 것이 밝혀진다. 이한영은 이시헌의 후손이다. 다산의 제다법이 이시헌의 후손에 의해 근대 시기까지도 면면히 계승되었음을 확인할 수 있는 소중한 기록이다.

이시헌이 지인에게 쓴 글 중에 "월출산에서 나는 작설차 한 갑과 황초 두 자루를 부칩니다(月山所産雀舌茶一匣, 黃燭二柄付)."라는 내용이 보인다. 또한 이시헌의 아들 이면흠(李勉欽, 1824~1884)의 편지에는 "향명 여덟 갑을 삼가 드리오니, 정으로 받아주시길 바랍니다(香茗八匣伏呈, 領情伏望耳)."라는 대목도 보인다. 이로 미루어보건대, '갑匣'이라는 잎차 포장 단위는 이시헌 대부터 사용되어 온 것으로 짐작된다. 이를 이한영이 창의적으로 계승하여 규격화된 포장법을 개발하고 상표인을 더한 것이다.

가야만 하는 길: 금릉월산차에서 백운옥판차로

다산과 맺었던 다신계의 약속은 이한영에 의해 지속되었다. 이한영은 집안에 전해지는 다산의 제다법대로 1창만을 따 모아 낮은 불에 덖어 잎차를 만들었다. 포장이 흐트러지지 않도록 얇게 저민 대나무로 프레임을 만들고, 정성 들여 포장한 뒤 '금릉월산차' 상표인 商標印을 찍어 고급화하였다. 그러다가 금릉월산차 상표인을 분실하게 되었다. 그 내용은 『조선의 차와 선』을 통해 확인할 수 있다. 이에이리 가즈오는 1939년 2월 25일 강진군 성전면 월남리에서 백운옥판차白雲玉版茶를 만들어 판매하고 있는 이한영을 방문한다. 이때 이한영의 금릉월산차를 조사하고 기록한 내용은 다음과 같다.

옥판차의 주인은 이한영 노인(71세)이다. 조선어밖에 말할 수 없으므로, 윤 선생의 통역으로 온 뜻을 알리고, 병중의 면회를 사례하고 이야기를 들었다. (중략) 노인이 만들고 있는 이외에 「금릉월산차」라고 하는 목판이 옛날에 만들어지고 있었지만, 영암군 미암면 봉황리의 이낙림李落林이라는 사람이 가지고 갔다. 아마도 그 집을 찾는다면 있을 것이 틀림없다. (노인은 이 월산차를 바꾸어 이름 붙인 것으로서, 그 시기는 백 년 전으로 말하고 있는 점이 조금 이야기가 부합하지 않는 곳이 있다.)*

---

* 諸岡存·家入一雄 共著, 『朝鮮の茶と禪』, 日本の茶道社, 1940, p.129.
玉版茶の御主人は, 李漢永老人(七十一歲)である. 鮮語しか話せぬので, 尹先生の通譯で來意を告げ, 病中の面會を謝し話をおきゝした. (中略) 老人の造つてゐる以外に「金陵月山茶」と云つて, 木版が昔造られて居たけれども, 灵岩君美岩面鳳凰里の李落林なる人が持ち去つた. 多分其家を探したならば在るに違ひない.(老人は此の月山茶を命名替したもので, その時期は百年前と云つてゐる點が少し話が符合せぬところがある.)

224

이한영은 본래 금릉월산차를 만들어오다가 금릉월산차 상표인을 영암의 이낙림이 빌려 간 뒤 돌려주지 않자 백운옥판차를 새로이 만들었다고 증언한다. 그러나 이에이리 가즈오는 월산차가 만들어진 시기가 100년 전이라고 한 점을 의아하게 생각하였다. 다신계의 약속이 다산의 제자 이시헌에 의해 지속적으로 지켜졌고, 이것이 집안 대대로 전승되어 100년 이상 지켜져 온 내막을 몰랐기 때문에 실상과 잘 부합하지 않다고 판단한 것이다.

그런데 아유카이 후사노신이 본 금릉월산차의 포장 크기〔세로 5촌(15cm), 가로 2촌(6cm)〕와 이에이리 가쯔오가 본 백운옥판차의 포장틀의 크기〔세로 5.2촌(15.6cm), 가로 2촌(6cm)〕*가 거의 유사한 것으로 볼 때, 이한영은 상표만 '백운옥판차'로 바꾸었을 뿐 제다법과 포장 방법은 그대로 유지하였던 것으로 보인다.**

이한영이 살았던 조선 말부터 근대 초 개화기는 그야말로 풍전등화의 시절이었고, 일제강점기라는 치욕스러운 역사를 포함하고 있다. 일제강점기 동안 문화 환경은 황폐해졌지만, 다산茶山, 추사秋史, 초의草衣 등이 부흥시켰던 한국 차문화의 맥은 차 산지 주민들과 사원들에 의해 면면히 이어졌다. 반면 일본인들은 우리나라 차 산지와 차문화를 조사 연구하였고, 기업화된 다원을 조성하였다. 조선총독부의 와타나베 아키라(渡邊彰)는 1920년 「조선의 다업

---

* 諸岡存 · 家入一雄 共著, 앞의 책, p.132.
** 유동훈, 「다신계茶信契가 강진지역 다사茶史에 미친 영향」, 한국차학회지 23(4), 한국차학회, 2017, p.15.

에 관하여(朝鮮の茶業に就いて)」*라는 논문에서 조선의 차 진흥 목적과 구현방안을 밝혔다. 『조선의 차와 선(朝鮮の茶と禪)』의 서문에서 외무대신 우가키 가즈나리(宇垣一成)는 "중일전쟁 이후 중국의 차와 소련의 비행기가 교환되는 사실을 인지시키며, 조선차를 개발하여 다업국책茶業國策의 열매를 맺자."고 하고, 상공대신 후지와라 긴지로우(藤原飲次郎)는 "조선에 양종良種의 자생차를 재배하면 산업진흥에 크게 이바지할 것이라며, 조선차를 개발하여 직접 세계 녹차 수요국에 수출하여야 할 것이다."**며 우리 차에 대한 관심을 밝혔다.

오자키 이치조(尾崎市三)의 광주 무등다원, 오가와(小川)의 정읍 오가와다원, 경성화학공업(주)의 보성 보성다원 등은 일본인에 의한 기업화된 다원이었다. 이외에도 고흥군 고흥면에는 시즈오카현(静岡県)의 차 종자를, 영암군 삼호면에는 에이메이현(永明県)으로부터 차 묘목을, 나주군 금천면 원곡리, 남평면 남평리, 영산면 삼정리, 영산리, 동수리에 시즈오카현, 구마모토현(熊本県), 교토(京都)로부터 차 묘목을 들여와 심었다. 제주도 서홍리에도 차 종자를 들여와 이식하였다. 이 외에도 구례군 마산면의 차는 1932년부터 우지차(宇治茶) 제다법으로 만들어졌다.***

이렇듯 우리나라 차문화와 산업은 하나둘 일본에 잠식되어 가고

---

* 渡邊 彰「朝鮮の茶業に就いて」, 月刊『朝鮮』, 1920년 8월. 『차의 세계』, 2006년 1월, 86~90쪽 재인용.
** 諸岡存·家入一雄, 앞의 책, 1~3쪽.
*** 諸岡存·家入一雄, 위의 책, 41~42쪽.

〈백운옥판차 상표인〉
〔출처:『朝鮮の茶と禪』
(1940)〕

있었다. 이러한 시대 상황 속에서 이한영은 전부터 만들어오던 금릉월산차 상표인을 분실하게 되어, 새로이 '백운옥판차' 상표인을 만든 것이다. 그런데 백운옥판차 상표인에는 금릉월산차 상표인에는 없던 꽃문양과 화제畫題가 추가된다. 꽃문양과 그 화제를 유심히 살펴볼 필요가 있다. 꽃문양은 한반도의 형상을 하고 있다. 화제 "백운일지 강남춘신(白雲一枝 江南春信)"은 '백운동 한 자락 나뭇가지에 날아든 강남의 봄소식'이라는 뜻이다. 일제강점기에 이한영이 기다린 봄소식은 무엇을 뜻했을까? 의미심장한 화제라고 하겠다.

　백운옥판차가 만들어진 1920년대는 일제의 경제적 수탈정책에 맞서 범국민적 민족경제 자립실천운동인 물산장려운동物産獎勵運動*이 전개된 시기였다. 또한 이한영이 수학한 집안의 족숙族叔 이

---

* 　1920년대 초부터 1930년대 말까지 한민족이 거족적으로 전개한 경제자립운동으로 주된 내용은 '첫째, 의복은 우선 남자는 두루마기, 여자는 치마를 음력 계해년(1924) 1월 1일부터 조선인 생산품 또는 가공품을 염색하여 착용할 것. 둘째, 음식물에 대해서는 소금·설탕·과일·청량음료 등을 제외하고는 전부 조선인 생산물을 사용할 것. 셋째, 일용품은 조선인 제품으로 대

흠(李欽, 1842~1928)은 을사오적을 처단하기 위해 조직된 자신회自
新會* 회원들과 깊은 교유를 맺었다. 이흠과 교유한 인물은 다양하
지만, 집안에 소장되어 있는 간찰簡札을 통해 보자면, 특히 진도 유
배지에서 보내온 편지가 많다. 이들은 자신회 소속으로, 대부분 그
전부터 잘 알고 지내던 인물이었다.**

　이흠의 일기에 의하면, 1907년 2월 18일에 경의문대經義問對 회
시會試를 보러 서울에 와 있을 때 바로 눈앞에서 윤주찬(尹柱瓚,
1858~1917)***이 잡혀갔음을 알 수 있다. 이때 자신회 사람들이 을
사오적을 암살하려는 사건이 있었고, 관련자들이 모두 투옥되었
다. 자신회 회원들은 대부분 전라도 출신으로 이흠과도 잘 알고 지
내는 사람들이었는데, 6월에 대부분 진도로 유배되었던 것으로 보

　용할 수 있는 것은 이를 사용할 것'이었다.

* 　자신회는 1907년 나철(羅喆, 또는 羅寅永), 오기호吳基鎬 등이 중심이 되어 을
　　사늑약 체결에 협조했던 박제순朴齊純·이지용李址鎔·이근택李根澤·이완용
　　李完用·권중현權重顯 등 오적五賊을 처단하기 위해 결성한 항일단체이다. 이
　　기李沂가 자신회의 취지서를 짓고, 나인영은 애국가와 동맹서를, 윤주찬과
　　이광수는 정부와 일본 정부, 그리고 각국 영사관에 보내는 공문과 포고문 작
　　성을 담당하였다. 이 사건으로 30명이 체포되어 재판을 받았는데, 이들 대
　　부분은 호남 출신이었다. 5~10년의 유배형을 선고받았으나 1907년 12월의
　　특별 사면으로 석방되었다. 그 후 나인영과 오기호는 대종교를 창시했다

** 　권수용, 「성균관박사 이흠李欽의 입격과정과 교유인물」, 『제4회 강진역사문
　　화 학술심포지엄 자료집』, 2016, 69~70쪽.

*** 　자는 사규士圭, 호는 일사一史, 일사一簑, 본관은 해남이다. 아버지는 락호樂
　　浩이고 어머니는 장흥인 고정진高貞鎭의 딸로, 강진 귤동 출신이다. 주사主事
　　의관議官을 역임하였으며, 을사오적을 모살謀殺하려 한 죄로 진도에 유배되
　　었다가 풀려났다. 유고遺稿가 있다.

인다. 이흠은 6월에 이들을 찾아갔다. 이흠의 문집에 〈윤일사가 옥주〔진도〕에서 중양일에 정무정의 농장에서 지었던 고체시를 따라 차운하다(追和尹一史沃州重陽日鄭茂亭 庄上古體)〉란 시가 들어 있는데, 이 시회詩會에 참여한 사람은 정만조(鄭萬朝, 1858~1936), 정인국(鄭寅國, 1858~1910), 최익진(崔翼軫, 1860~1923), 이광수(李光秀, 1892~1950), 윤충하(尹忠夏, 1855~1925), 오기호(吳基鎬, 1863~1916), 윤주찬 등이었다.

이흠의 일기와 편지에 가장 많이 등장하는 사람은 윤주찬이다. 윤주찬은 사돈 집안 사람인 데다가 각별한 사이였고, 서울에서 주사 벼슬을 하고 있었기 때문에 이흠이 가장 많이 의지한 사람이었다. 대부분의 서울 소식은 윤주찬을 통해 알 수 있었고, 서울에 있을 때도 윤주찬을 통해 움직일 수 있었다. 이흠이 누구에게서 수학했는지는 밝혀져 있지 않지만, 훗날 자이당自怡堂 문집을 편찬한 것으로 보아 집안 족숙인 자이당 이시헌에게 배웠을 것으로 추정된다.* 이흠의 후손가에는 이시헌의 간찰첩簡札帖 3종이 전사본轉寫本으로 남아 있고, 정약용이 이시헌에게 보낸 편지를 전사해 놓은 간찰첩 〈탁옹서독籜翁書牘〉도 남아 있다.

이한영은 이흠에게 수학하였으니, 다산의 가르침은 대를 이어 계승되었다. 그런즉 다산의 제다 지식뿐 아니라 정신적 유산도 대를 이어 계승되었고, 이러한 것이 밑바탕이 되어 백운옥판차가 탄생되었음을 짐작할 수 있다.

---

* 권수용, 앞의 논문, 59~60쪽.

이한영 선생 친필문서

"함께 해보지 않을래?": 가르침의 도리

아인슈타인에게는 죽기 직전까지 고민하던 질문이 있었다. '만물의 근원은 무엇인가?' 교육자에게도 죽기 직전까지 고민하는 질문이 있다. '나는 어떤 선생인가?'

《죽은 시인의 사회》에서 키팅은 시 교육을 통해 제자들이 삶의 본질을 각자가 가지고 있는 내면의 힘으로 깨우치길 바랐다. 다산은 강진 유배 시절 제자들에게 신의를 지키며 사는 삶의 소중함을 깨우쳐 주었고, 그것을 지켜가며 살기를 바랐다. 또한 부지런하게, 부지런하게, 또 부지런하게 학문에 정진하는 자세를 강조하였다. 강진 제자들, 그중에서도 이시헌은 스승의 가르침을 차를 매개로 실천하였고, 그 실천의 정신은 대를 이어 100년 이상 지켜졌다. 그 실증의 증거물이 바로 금릉월산차요, 백운옥판차다. 이 글에서《죽은 시인의 사회》와 다신계를 연결 짓게 한 소중한 문학적 매개물

백운옥판차 제다(사진
제공: 이한영차문화원)

이다.

　글을 마무리하면서 다음과 같은 자문자답을 해본다. 나는 운명
을 바꾸어 놓은 스승을 가졌는가? "날카로운 첫 키스의 추억"을 남
긴 채 "나의 운명의 지침을 돌려놓고"* 떠나간 연인처럼, 그런 강렬
한 가르침을 받은 스승을 가졌는가? 그런 스승의 가르침이라면, 여
러 양태로 나의 삶 속에서 꽃차처럼 피어날 수 있을 것이다. 나는
오늘도 금릉월산차, 백운옥판차의 상표인을 보며, '아, 이것이 우리
차의 운명을 바꾸었구나' 하고 곱씹어 본다. 우리 차의 운명을 전
환시키는 힘이 키팅 같은, 다산 같은 스승에게서 나온 것임을 반추
해 본다. "어느 먼 산 뒷옆에 바우섶에 따로 외로이 서서, 어두워 오
는데 하이야니 눈을 맞을, 그 마른 잎새에는, 쌀랑쌀랑 소리도 나며
눈을 맞을, 그 드물다는 굳고 정한 갈매나무"**와 같은 스승을 떠올
려보는 것이다.

---

* 　한용운(韓龍雲, 1879~1944)의 「님의 침묵」 중에 나오는 시구이다.
** 　백석(白石, 1912~1996)의 「남신의주 유동 박시봉방」 중에 나오는 시구이다.

홍차의
고급화와
다양화

영화《덩케르크》

· 문기영 ·

홍차전문가. 중앙대철학과와 대학원 행정학과를 졸업하였다. 동서식품에서 16년간 근무하면서 커피와 차 관련 마케팅 업무를 담당하였다. 2014년 "문기영홍차아카데미"를 설립하여 홍차 교육에 집중하면서 차 관련 컨설팅과 함께 다양한 매체에 차 관련 글을 기고하고 있다.

쓴 책으로는 『홍차수업』(1, 2), 『철학이 있는 홍차 구매가이드』, 『일본녹차수업』이 있고, 번역한 책으로는 『홍차애호가의 보물상자』가 있다. 최근에는 "일본녹차"를 교육에 포함하면서 관심 영역을 넓혀 가는 중이다.

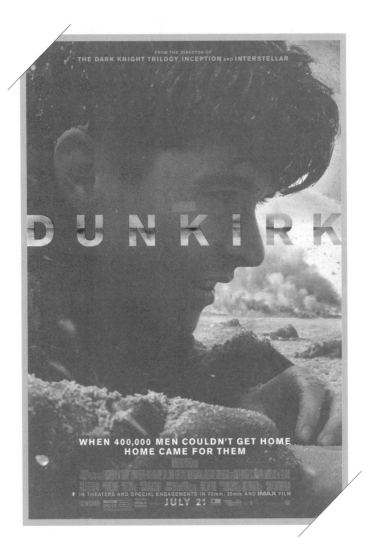

덩케르크

감독 크리스토퍼 놀란, 주연 핀 화이트헤드, 마크 라이런스 외

미국, 영국, 프랑스, 2017

2017년 7월에 개봉한 《덩케르크》는 제2차 세계대전 당시 영국정부가 실행한 "덩케르크 철수작전"이라고 알려진 실화를 배경으로 한 영화다(2022년 2월 우리나라에서 재개봉도 했다).

제2차 세계대전은 1939년 9월 1일 독일이 폴란드를 침공하고 이에 대응하여 9월 3일 영국과 프랑스가 대독對獨 선전포고를 하면서 시작되었다고 일반적으로 말해진다.

선전포고 직후 영국은 군대(영국원정군; BEF-British Expeditionary Force)를 동맹국인 프랑스로 파견한다. 하지만 곧바로 전투가 시작되지는 않았다.

1940년 5월 10일 독일이 영국과 프랑스를 침략하기 위해서 이들 국가와 독일 사이에 위치한 네덜란드, 벨기에, 룩셈부르크 세 국가를 동시에 기습공격하면서 본격적으로 전쟁이 시작되었다. 곧바로 독일은 룩셈부르크 쪽에 가까운 프랑스-벨기에 국경지대의 프랑스 방어선을 돌파하면서 도버해협까지 진격했다. 이렇게 되자 프랑스, 벨기에 국경선에 집중 배치되었던 영국원정군, 프랑스군과 벨기에군의 퇴로가 막힌다. 결국엔 영국원정군을 포함한 연합군은 프랑스 해안도시 덩케르크(Dunkirk)에 갇혀 포위된다.

영화에는 포위된 연합군 수가 40만 명으로 나온다. 엄청난 수의

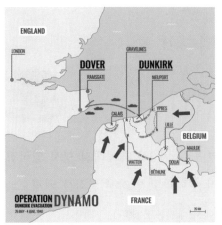

탈출작전 당시 덩케르크 상황

군인이 위험에 처한 상황이었다.

영화 앞부분에 덩케르크를 잠시 방문한 영국 제독은 최소 3만에서 최대 4만 5천 명은 구출해야 한다고 말한다. 영화 끝부분 마지막 구출선이 떠나는 장면에서 철수작전 현장 책임자인 볼튼 사령관(케네스 브레너)은 거의 30만 명을 구출했다고 하면서, 자신은 남아서 프랑스군을 돕겠다고 말한다. 공식기록에도 영국군 22만 6천 명, 프랑스군을 포함한 연합군 11만 2천 명을 구출했다고 되어있다.

이 두 장면에서 보면 철수작전은 매우 절망적인 가운데서 진행되었지만 결과적으로 대성공이었다는 것을 알 수 있다.

제2차 세계대전이 시작될 무렵, 영국 군사력은 독일에 비해 매우 열세였다. 그 상황에서 20만 명이 넘는 영국 군인들이 만일 사망하거나 포로로 잡힌다면 본격적으로 시작도 안 한 전쟁의 결말은 불 보듯 뻔했다.

영화《덩케르크》中 철수
작전 현장책임자인 볼튼
사령관

영국군 총사령관이던 육군 원수 고트 경은 "다이나모(Operation
Dynamo)"라는 작전명으로 5월 28일부터 덩케르크가 점령되는 6월
4일까지 이 철수작전을 지휘했다.

실제로 영국은 어선과 요트까지 포함한 850여 척에 이르는 모든
종류의 선박을 모아 덩케르크로 보내면서 그야말로 있는 힘을 다
해 구출작전을 진행하여 성공한다.

2018년 1월 개봉한 영화《다키스트 아워(Darkest Hours)》는 1940
년 5월 10일 수상이 된 윈스턴 처칠이 독일 침략에 맞서 영국 국민
을 단결시키는 내용이다. 이 영화에서 수상이 된 직후 처칠이 맞닥
뜨리는 첫 번째 과제가 덩케르크에서 영국군을 철수시키는 내용이
다.《다키스트 아워》를 먼저 보면《덩케르크》내용이 훨씬 더 이해
가 잘 된다.

덩케르크 철수작전의 성공은 이후 영국인에게 강한 자부심으로
남게 된다. 지금도 영국인들은 덩케르크 정신(Dunkirk Spirit)이라는
말을 자주 사용한다. 덩케르크 정신은 "어려운 상황 속에서 더 강
해지고 패배를 받아들이지 않는 태도(an attitude of being very strong

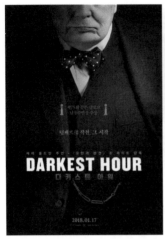

도슨선장, 침착하고 냉정한 전형적인
영국인상을 영화에서 보여준다.

영화《다키스트 아워》포스터

in a difficult situation and refusing to accept defeat)" 혹은 "어려운 상황
에 처해서도 모두 서로 서로를 도우려는 사람들의 의지(willingness
by a group of people who are in a bad situation to all help each other)"
등으로 설명되어진다.

실제로 철수작전은 영국뿐만 아니라 세계의 이목을 집중시켰다.
당시 영국 왕 조지 6세(엘리자베스 2세의 아버지)는 구출에 성공한 병
사들의 수를 매일매일 일기장에 기록했을 정도다. 물론 이런 내용
은 영화에서는 나오지 않는다.

대신 영화에는 영국 국민들이 구출작전에 초미의 관심을 가지고
자신들의 작은 힘을 보태는 감동적인 장면들이 곳곳에 등장한다.
도슨 선장(마크 라이언스)은 자신의 배가 징발되자 아들과 함께 배
를 직접 몰고 덩케르크로 간다든지, 전쟁터로 간다는 걸 알면서도
어린 학생 조지(배리 케오칸)가 담담히 따라가려고 하고 또 이 모습
을 보고도 강력히 말리지 않는 도슨 선장 행동을 통해 영국 국민들

이 얼마나 간절히 젊은 군인들을 데려오고 싶어 했는지를 알 수 있다. 물론 구출된 군인들이 영국에 도착했을 때 온 국민이 이들을 따뜻하게 맞이한다.

"덩케르크 철수작전"의 배경을 모르면 이런 장면들이 와 닿지 않고 전투장면도 그렇게 많지 않은 그냥 평범한 전쟁영화로 느낄 수도 있다. 이 작전의 배경을 자세히 설명한 이유다.

영화는 처음부터 끝까지 아주 차분하게 진행된다. 너무나 유명한 역사적 사건이므로 전후 맥락을 다 설명하지 않고(영화《명량》이나《한산》에서도 전후 상황을 묘사하지 않는다. 그래도 우리는 다 알고 있듯이) 이 모든 상황이 벌어진 "현장"을 하늘과 땅, 바다 세 곳의 시각으로 현장감 있게 묘사하는 것이 크리스토퍼 놀란(Christopher Nolan) 감독의 의도인 것 같다.

우리나라 6·25전쟁 때도 덩케르크 철수작전과 매우 비슷한 상황이 있었다. 인천상륙작전에 성공하여 압록강과 두만강 유역까지 진격했던 유엔군과 국군은 중공군의 개입으로 전세가 불리하게 되었다. 이에 흥남항구에 집결해서 배로 철수하게 된다. 소위 흥남철수작전이다.

1950년 12월 15일에서 24일까지 열흘 동안 193척의 선박을 타고 군인 10만 명과 피난민 10만 명이 철수했다. 2014년 개봉한 영화《국제시장》앞부분에 이 상황이 잘 묘사되어 있다.《국제시장》에서는 철수상황이 극도로 혼란스럽게 묘사되어 있는데, 이는 초점이 피난민인 민간인에 맞춰졌기 때문이다.

《덩케르크》에는 홍차가 여러 번 나온다. 구출되어 구축함에 승

영화《덩케르크》中 여성자원봉사단이 승선하는 병사에게 홍차를 주는 장면

선하는 군인들에게 홍차와 잼 바른 토스트가 계속 제공된다. 안내하는 여성자원봉사단(Women' Voluntary Service)은 선실로 내려가면 홍차(Tea)가 있다고 반복해서 말한다. 작은 민간 선박들도 군인들을 태우면서 처음 하는 행동이 머그컵에 든 홍차를 군인들에게 건네주는 모습이다.

도슨 선장이 배를 몰고 가는 도중 구출한 비행기 조종사(킬리언 머피)에게도 몇 번이나 홍차를 주는 장면이 나온다. 영국에 도착해서도 시민들은 홍차를 제공하면서 군인들을 따뜻하게 맞이한다. 이 무렵 영국인들에게 홍차는 그야말로 국민음료였다. 그리고 영국에서는 예나 지금이나 홍차를 블랙 티(Black Tea)라고 말하지 않는다. 그냥 티(Tea)라고 부른다. 영국에서 티(Tea)는 당연히 홍차(Black Tea)이기 때문이다.

Keep calm and Carry on

위 문장은 "평정심을 유지하고 일상의 삶을 계속 유지하십시오"라고 번역될 수 있다. 이 말은 제2차 세계대전 때 영국정부가 국민들의 사기를 진작시키기 위해 만든 전쟁 포스터 문구다. 1939년 제2차 세계대전 발발 후 그리고 〈덩케르크 철수작전〉을 전후로 하여 독일의 공습과 영국 상륙에 대한 우려로 영국 전체가 극도의 공포에 빠진다. 이 상황은 언급된 《다키스트 아워》에 잘 묘사되어 있다.

유럽 대부분이 독일군에 점령당한 후 외롭게 싸운 영국은, 비록 독일군의 상륙은 없었지만 비행기 폭격 등으로 인한 전쟁 피해는 엄청났다.

특히 독일 잠수함인 U보트(U-boat)는 전함이나 구축함뿐만 아니라 영국으로 들어오는 모든 상선을 침몰시켰다. 섬나라인 영국

1941년 영국 대공습 후 런던에서 화재를 진압하는 소방관들

1942년 성인 한명당 1주일분
배급량(ⓒ IWM)

은 전쟁물자뿐만 아니라 수입에 의존해 왔던 모든 생필품이 부족해
지기 시작했다. 결국 배급제가 실시되었다. 버터, 라드(Lard: 돼지비
계를 정제하여 하얗게 굳힌 것. 요리에 이용함), 계란, 베이컨, 치즈, 설탕
등 대부분이 포함되었다. 100% 수입품인 홍차 또한 덩케르크 철수
작전 직후인 1940년 7월부터 배급제로 전환했다(1952년 10월 종료).

　이런 상황에서도 영국 수상 윈스턴 처칠은 "홍차는 영국 군인들
에게 총알보다 훨씬 더 중요하다(Tea is more important to the British
soldiers than munitions)"라고 말하면서 군인들에게는 홍차를 제한
없이 공급했다.

영화 《덩케르크》에서 마신 홍차 맛은

차는 섬세한 음료이기 때문에 제대로 우려야만 맛있다. 제대로 우
리려면 차의 특징 혹은 속성을 알아야 하고, 이들을 알려면 어떻게
가공되었는지도 알아야 한다. 차 공부가 필요한 이유이기도 하다.

그런데 영화《덩케르크》에서 병사들에게 제공된 홍차는 제대로 우린 것일까? 목숨이 촌각에 달린 상황에서 제대로 우릴 수 있었을까? 짧은 시간에 많은 양을 우려야 하는데 맛있게 우릴 수 있었을까?

『동물농장』, 『1984년』 같은 소설로 잘 알려진 영국작가 조지 오웰(George Orwell, 1903~1950)은 홍차 애호가로도 유명한데, 1946년 1월 「한 잔의 맛있는 홍차-A nice cup of tea」라는 글을 신문에 기고했다.

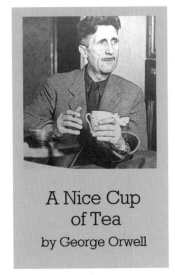

A Nice Cup
of Tea
by George Orwell

조지오웰

"홍차를 맛있게 우리는 11가지 원칙"이라는 부제가 붙은 이 글 두 번째 항목에서 "홍차는 적은 양, 즉 티팟에 우려야 한다. 주전자에 우린 차는 항상 맛이 없다. 커다란 가마솥 같은 데서 우린 군대 스타일 차는 기름 냄새나 석회 냄새가 난다"라고 적었다. 이 말은 지금도 어느 정도는 맞는 편이다. 차는 많은 양을 우리면 대체로 맛이 없기 때문이다.

하지만 영화《덩케르크》에서 병사들에게 제공된 홍차는 맛있었다. 그리고 병사들도 홍차가 맛있다는 것을 이미 알고 있었다. 그리고 막 구출된 병사들에게 가장 필요한 것이 따뜻한 홍차라는 것도 알았다. 그렇기에 우선적으로 홍차를 제공한 것이다.

지금 관점에서 보면 제대로 우리지 않았을 것이 분명한 상황에서 홍차가 어째서 맛있었을까? 바로 설탕과 우유 덕분이다.

1944년 노르망디에서 독일군 포로들에게 제공되었던 차 (© IWM)

우유와 설탕을 넣어 맛있어진 홍차

영국을 포함하여 홍차를 오랫동안 마셔 온 서양에서는 음용 초기부터 설탕과 우유를 넣었다. 차(茶, Tea)라는 음료가 중국에서 탄생하고 중국인이 처음 마시기 시작한 것은 맞다. 그리고 당나라 시대 다성茶聖이라고도 불리는 육우가 차의 개념을 정리한 이후에는 차 자체만을 음용하고 즐기는 차문화를 발전시켜 왔다. 하지만 홍차는 처음부터 서양인을 위한 음료였다. 중국인 자신들은 거의 마시지 않고 주로 수출을 위해서만 생산한 차였다.

　19세기 중반까지는 중국에서 출발한 홍차가 영국에 도착하는 데 거의 1년 이상이 걸렸다. 시간이 흐르면서 품질이 나빠지는 차의 속성으로 볼 때 이들 홍차의 품질 상태가 그렇게 좋지는 않았을 것이다.

그리고 차를 우리는 여건도 좋지 않았다. 현재 우리나라 홍차 애호가들 대부분이 하는 것처럼, 전자저울에 몇 그램을 달아 예열된 티팟에 넣고 갓 끓인 뜨거운 물로 3분 우리는 방법과 같지는 않았을 것이다. 당시의 과학기술과 생활수준을 고려할 때 그렇게 할 수도 없었을 것이다. 결국 그때 마신 홍차는 쓰고 떫으면서 맛이 없었을 가능성이 매우 높다. 인간은 대부분 쓰고 떫은맛을 싫어한다. 당연히 영국 사람들도 싫어했다. 하지만 설탕과 우유를 넣게 되면서 쓰고 떫은 홍차는 달콤하고 부드럽게 변했다. 그리고 영국인이 좋아한 홍차는 바로 이런 맛이었다.

영국에 차가 처음 소개된 후 50년이 지난 1700년경 영국에 들어온 차는 9톤에 불과했다. 당시에 아시아를 왕복하는 데 거의 3년 가까이 소요되었고, 항해에 위험도 많았다. 수입되는 물량이 적을 수밖에 없었고 당연히 가격은 엄청나게 비쌌다. 따라서 차를 마시는 사람들은 극소수의 부유한 귀족층이었다. 이들도 쓰고 떫은 차를 맛보다는 과시 목적으로 마셨다.

18세기 중엽을 지나면서 영국 내 차 소비량이 증가하기 시작했다. 영국동인도회사의 아시아 무역이 활발해졌고 이로 인해 수입되는 차 물량이 늘어나면서 중산층이 마실 수 있는 가격이 되었기 때문이다. 이 무렵 그동안 차와 마찬가지로 매우 비쌌던 설탕가격이 내리기 시작했다. 카리브해에서 생산되는 설탕양이 늘어나면서 수입량도 늘어났기 때문이다.

이런 배경에서 홍차에 설탕을 넣는 방식이 일반화되고 여기에 우유까지 더해지면서 쓰고 떫은 홍차는 부드럽고 달콤한 음료로 변했다.

영양과 에너지원으로서의 홍차

차는 영양 측면에서 볼 때 가성비가 떨어진다. 에너지를 내게 하는 성분도 거의 없다. 따라서 평소 영양섭취가 충분치 않은 18~19세기의 가난한 영국 서민들에게는 적합한 음료가 아니었다. 하지만 우유와 설탕을 넣게 되면서 홍차는 영양과 에너지 공급원 역할을 하게 되었다.

사실 오랫동안, 영국인에게 있어 홍차는 오늘날 우리가 기호음료嗜好飮料라고 말하는 의미의 차는 아니었다. 강하게 우린 홍차에 설탕과 우유를 듬뿍 넣어 영양과 에너지 공급원 역할을 하는 식량에 가까웠다. 카페인도 들어 있어 각성효과도 있었다. 이렇게 하여 부드럽고 달콤한 음료로 변한 따뜻한 홍차가 사람들에게 위안도 주고 어느 정도는 영양공급도 하면서 점점 더 확산되어 갔다. 오늘날도 영국뿐만 아니라 전 세계 홍차 음용국 대부분에서는 설탕과 우유 혹은 둘 중 하나는 반드시 넣는 편이다.

정리하자면, 홍차는 중국에서 처음 만들어진 '차茶'인 것은 맞지만 설탕과 우유를 넣게 되면서 서양의 차가 된 것이다. 현재 전 세계에서 생산되는 홍차의 15%(지난 몇 년간 중국에서의 홍차 생산량이 급증했다) 정도만이 중국에서 생산된다. 나머지 85%는 인도, 스리

영국인들이 만든 스리랑카 누아라엘리야 페드로 다원

랑카, 케냐 등 과거 영국 식민지였거나 그 영향을 받은 국가에서 생산된다.

그리고 이들 국가에서 생산된 홍차는 우유와 설탕을 넣었을 때 더 맛있어진다. 이런 목적으로 생산된 홍차를 "영국식 홍차"라고 부르기도 한다.

루스 티 우리기의 불편함

1860년경 인도 아삼에서 본격적으로 홍차가 생산되기 시작하고 1890년경에는 스리랑카에서도 많은 양의 홍차가 생산된다. 1900년 무렵에는 영국 식민지인 이들 국가에서 생산된 홍차만으로도 영국 수요를 충족시킬 수 있게 되면서 영국인은 저렴한 가격으로 마음껏 홍차를 마실 수 있는 시대로 접어든다.

이런 배경 하에서 영국은 1914년에 공식적으로 모든 직장에 티

브레이크(Tea break) 제도를 도입했다. 또 같은 해에 영국 군인들의 휴대용 식량(Rations)에도 홍차가 정식으로 포함되었다. 이러면서 정해진 시간에 많은 인원이 동시에 마시는 기회가 많아졌다.

이 무렵만 하더라도 홍차는 루스 티 형태였다. 루스 티(Loose Tea)는 티백에 들어 있지 않은 (홍)차를 의미한다.

하지만 개인이 일상에서 매번 티팟에 루스 티를 넣고 우리는 것은 다소 성가신 일이기도 하다. 이런 성가시고 불편함을 해소하면서 홍차 소비량을 폭발적으로 늘게 한 것이 바로 티백이다.

티백은 1908년 뉴욕 차 상인 토마스 설리반(Thomas Sulivan)이 유행시켰다고 알려져 있다.

이 덕분인지 미국은 이미 1920~30년대에 티백이 어느 정도 일반화되었다. 반면, 영국에는 다소 늦게 1953년에 당시 제일 큰 차 회사인 테틀리(Tetley)에 의해 도입되었다. 영국 최고급 차 브랜드 중 하나인 포트넘앤메이슨(Fortnum&Mason)이 첫 번째 티백제품을 판매한 것이 1958년이었고, 1968년경만 하더라도 티백은 영국 전체 소비량의 3% 수준에 머물렀다. 다른 나라들에 비해 티백으로의 전환이 많이 늦은 편이다. 하지만 티백의 장점이 알려지면서 1970년대부터 본격 확산되었다. 이후 급속한 속도로 늘어나서 현재 영국 홍차소비량의 95%가 티백 형태로 이루어지고 있다.

영국인들이 가장 많이 마시는 브랜드인 PG팁스

CTC 홍차와 티백의 상호 시너지 효과

티백을 만드는 재질로 처음엔 면(Gauze)을 사용했으나 맛에 부정적인 영향을 줘서 나중에 종이로 된 소재(Filter Paper)로 교체되었다. 형태도 처음엔 방이 하나인 양면 티백이었는데 두 개의 방으로 이루어진 사면 티백이 1952년 등장했다. 찻잎과 물의 접촉면을 늘려 우러나는 속도를 빠르게 하기 위해서였다.

다양한 크기의 CTC 홍차 제일 작은 사이즈가 주로 티백에 들어간다.

그리고 CTC 홍차 가공법이 1930년대 인도 아삼에서 개발되었다. CTC 홍차는 찻잎을 미세하게 분쇄하여 그래뉼(Granule) 형태로 다시 뭉쳐 공 모양으로 만든 것으로, 가장 큰 장점은 빨리 그리고 강하게 우러나는 점이다. 더구나 거친 찻잎으로도 만들 수 있고 짧은 시간에 대량 생산할 수 있어 생산비도 낮출 수 있다.

티백을 생산하는 기계도 점점 더 효율성이 높아지면서 생산비용이 낮아지게 되었다. 저렴한 CTC 홍차를 넣은 티백을 낮은 가격으로 대량 생산할 수 있는 시스템이 완성된 것이다.

물론 티백제품의 단점도 많다. CTC 홍차의 가공과정 특징상 향이 별로 없다. 그리고 거친 찻잎까지 사용하다 보니 맛도 섬세하지 않다. 티백 재질도 맛에 어느 정도 부정적인 영향을 미친다. 그리고 표준화되어 대량생산되다 보니 제품 수가 한정되어 종류가 다양하지 않았다. 당연히 맛과 향에서도 다양성이 없었다.

  하지만 장점이 훨씬 더 많았다. 우선 편리했다. 머그잔에 우리면서 원하는 시간에 티백을 간단히 끄집어 낼 수 있었다. 우린 티백은 깔끔하게 버릴 수도 있다. 또한 티백 속에 든 찻잎 양이 일정했다. 따라서 물 양이나 우리는 시간을 통해 자기 취향에 맞게 조절하기 쉬웠다. 더구나 짧은 시간에 강하게 우러났다. 여기에 더하여 가격까지 저렴했다. 이 티백을 우려 설탕과 우유를 넣으면 달콤하고 부드러운 홍차가 되었다.

티백 홍차의 힘

이는 우리나라 커피 음용 방법을 보면 쉽게 이해할 수 있다. 우리나라에서 커피가 확산되는 데 큰 역할을 한 것이 믹스커피다. 피곤하거나 나른할 때 믹스를 하나 집어 들고 찢어서 종이컵에 넣고 정수기 물을 부어 타는 데 10~20초 걸린다. 맛도 항상 균일했다. 반복되는 일상에서 매일 여러 번 마시는 기호음료일 경우 이렇게 간단하게 마실 수 있는 것이 무엇보다 중요하다. 홍차에서는 티백이 그 역할을 하였다.

  오늘날, 경제수준이 낮아 티백 제품이 일반화되기 어려운 인도 같은 가난한 나라들을 제외한 대부분의 국가에서 소비되는 홍차는 거의 다 티백 형태다. 영국만 보더라도 지난 50년간 홍차는 티백 형태가 압도적이었다.

  CTC 가공법으로 생산된 아주 미세한 분말 크기의 홍차 잎을 티

진하게 우린 홍차에 우유와
설탕을 넣는다.

백에 넣어 짧은 시간에 강하게 우러나오게 하고 여기에 우유와 설
탕을 넣어 달콤하게 마시는 방법, 이것이 1960~70년대 이후 서양
홍차 음용 방식의 표준이었다. 지금까지도 여전히 홍차 음용자 대
부분은 이렇게 마신다. 그런데 최근 들어 이 음용 방식에 변화가 생
기기 시작하였다.

우리나라 사람에게 홍차가 쓰고 떫었던 이유

세계적으로도 가장 유명하고 우리나라 사람들에게도 매우 익숙한
노란색 포장지에 들어 있는 립톤(Lipton) 홍차 티백. 10여 년 전 내
가 홍차에 관심을 가지게 된 후 했던 첫 번째 행동이 바로 이 립톤
홍차를 구입해서 티백 하나를 종이컵에 넣고 정수기에서 나온 온
수를 부어 우려 마신 것이다(몇 분 우렸는지는 기억나지 않는다). 떫고
맛이 없었다. 많은 분이 나와 비슷한 경험이 있을 것이다. 물론 그
때는 물 온도나 우리는 시간, 물 양 등 우리는 방법에도 문제가 있
었겠지만, 현재 내가 아는 지식으로 잘 우린다 하더라도 다소 강하

게 우려지는 것은 분명하다. 왜냐하면 티백 형태로 된 립톤 홍차(그리고 대부분의 티백홍차가 마찬가지다)는 설탕과 우유를 넣었을 때 맛있도록 만들어진 홍차이기 때문이다. 그런데 우리나라 사람들에게는 "차茶"는 아무것도 넣지 않고 그냥 마시는 것이라는 "막연한 상식"이 있다. 나 역시 그랬다. 아마도 어디선가 보고 듣고 읽은 녹차 음용방식 영향이었을 것이다.

결국 나를 포함하여 홍차를 마셔보려고 시도한 대부분의 우리나라 사람들은 설탕과 우유를 넣어야 맛있어지는 홍차를 아무것도 넣지 않고, 그리고 제대로 우리지도 않고 마셨던 것이다. 당연히 쓰고 떫을 수밖에 없었다. 그리고는 우리나라 사람들에게 홍차는 쓰고 떫은맛을 가진 비호감 음료로 각인되어 버렸다.

우리나라 차 시장 성장

2010년경부터 우리나라 차 시장이 커지기 시작했다. 2000년대 이후 해외여행이 급격히 늘어나면서 외국의 다양한 차문화를 접하는 기회가 많아진 영향이다. 게다가 인터넷으로 외국 트렌드를 쉽게 접할 수 있는 여건까지 만들어졌다. 커피 시장이 점점 커지고 고급화되면서 동시에 다양한 음료에 대한 관심도 커졌다. 또 경제가 발전하고 생활수준이 높아지면서 일상에서의 품위 있는 삶을 추구하게 되었다.

이런 변화에 부응하여 스타벅스, 투썸 플레이스 등 기존 커피전문점에서도 차茶를 점점 더 많이 취급하고, 차만 전문적으로 판매하는 차 전문점들도 늘어났다.

이런 여러 상황들의 상승작용 속에서 화려한 애프터눈 티(Afternoon Tea)로 상징되는 홍차가 유럽문화의 하나로 인식되면서 다른 종류 차들보다 더 주목받았다. 홍차 관련 책도 많이 나오고 교육하는 곳도 많아지고 배우고자 하는 사람들도 늘어났다.

하지만 중요한 것은 여전히 맛이다. 기호음료가 맛이 없다면 그 유행은 오래 갈 수 없기 때문이다.

우리나라 홍차 시장 발전은 두 방향으로 진행되었는데, 하나는 〈로얄 밀크 티(Royal Milk Tea)〉 시장의 성장이다. 지난 몇 년간 젊은이들 사이에서 로얄 밀크 티 인기는 그야말로 대

애프터 눈 티의 상징 3단 트레이와 로얄 밀크 티

유행이라고 해도 될 정도였다. 이 방향은 어떻게 보면 기존 서양 음용법의 연장선이다. 오히려 더 진하게 우리고(주로는 끓인다) 우유와 설탕을 더 많이 넣어 "맛있게" 만든 하나의 특별한 음료다. 사실 로얄 밀크 티는 일본에서 처음 만들어진 것으로, 영국이나 유럽 음용 방법은 아니다. 1965년 교토에 있는 〈립톤〉이라는 차 전문점이 개발한 것으로, 영국식 밀크 티와의 차이점은 차를 끓인다는 점이다. 물론 현재는 변형된 다양한 레시피가 있다.

잘 우려서 맛있어진 홍차

다른 하나는 홍차 자체가 가진 맛과 향의 다양성을 즐기는 방향이다. 이를 위해서는 좋은 홍차를 구할 수 있어야 하고 또 제대로 우려야 한다. 다행히 지난 10년간 우리나라 차 시장 성장과 함께 세계 유수의 홍차 브랜드들이 정식 수입되었다. 또 수입되지 않는 홍차도 직구 등의 방법을 통해 대부분 구할 수 있다. 그리고 과거와는 비교할 수 없을 정도로 다양한 정보와 교육 등을 통해 제대로 우리는 법도 잘 알려져 있어 우리나라 홍차 애호가들은 상당히 수준 높게 홍차의 맛과 향을 즐기고 있다.

내가 운영하는 아카데미 수업 과정을 마친 어느 노老선생님의 경험이다. 영국에서 30년째 살고 있는 친구가 한국에 와서 선생님 댁을 방문했다고 한다. 선생님은 그동안 배운 실력으로 홍차를 맛있게 우려 대접할 목적으로 전자저울로 홍차 양을 재고 티팟을 예열하고 펄펄 끓인 물을 붓고는 타이머를 3분에 맞췄다.

그러자 그 과정을 지켜보고 있던 친구가 말했다고 한다. "아니 홍차 한잔 우리는데 뭐가 그렇게 까다로워. 영국에서는 그냥 티백을 머그잔에서 우려서 마셔."

맞는 말이다. 앞에서 언급되었듯이 영국인은 어차피 우유와 설탕을 넣기 때문에 강하게 우러나는 홍차를 되는 대로 적당히 우린다. 하지만 우리는 다르다. 우리는 홍차에 아무것도 넣지 않는다. 따라서 홍차 자체의 맛과 향을 온전히 즐기기 위해서는 품질 좋은 홍차를 제대로 우리는 것이 중요하다. 그리고 차를 제대로 마시는 방법에 있어서는 우리가 맞다. 왜냐하면 영국인을 포함한 서양인도 홍차에 아무것도 넣지 않고 마시는 방식으로 변하기 시작했기 때문이다.

세계 홍차 시장의 새로운 추세: 고급화와 다양화

전 세계 홍차 시장에서 지난 몇 년간 뚜렷하게 나타난 새로운 현상은 고급화와 다양화다. 사실 고급화와 다양화란 동전의 양면처럼 같은 현상의 다른 표현이기도 하다. 고급화란 품질이 좋아지고 가격도 비싸지는 것을 의미하고 다양화가 이 방향으로 진행되고 있기 때문이다. 홍차 음용자들 사이에서 홍차에 설탕과 우유를 넣지 않는 새로운 추세가 형성되고 있다. 동시에 이들은 설탕과 우유를 넣지 않아도 맛있는 고품질 홍차를 찾고 이에 상응하는 더 높은 가격을 지불할 의사를 밝히고 있으며 실제로 지불하고 있다.

영국인을 포함한 서양인이 홍차에 우유와 설탕을 넣어 왔던 오랜 음용방식을 바꾸기 시작한 데는 몇 가지 이유가 있다.

첫째로는 설탕에 (그리고 우유도) 대한 건강상 우려다. 설탕이 건강에 미치는 부정적 영향은 굳이 여기서 되풀이할 필요가 없을 정도다. 영국인이 설탕과 우유를 점점 적게 넣고 있다는 것은 데이터로도 입증된다. 2010년 발표된 조사에 의하면, 홍차를 마실 때 영국인의 98%는 우유를 넣고 45%는 설탕을 넣었다.

2016년 어느 기사에는 우유와 설탕을 점점 더 적게 넣는 추세를 보도하면서 "단것에 대한 국민적인 혐오는 우유와 각설탕 2

개 넣는 (홍차 음용에서의) 표준방식을 거부한다(The nationwide backlash against the sweet stuff has smashed the milk and two sugars stereotype)", "홍차에 우유와 각설탕 2개 넣는 표준방식은 이제 과거의 방식이 되었다(Tea with milk and two sugars stereotype is now a thing for the past)" 같은 표현을 사용했다.

2021년 영국 차 회사 중 하나가(The Kent and Sussex Tea and Coffee Company) 조사해 발표한 자료에 의하면 82.3%가 우유를 넣고(이 중 7.3%는 식물성 우유), 35%가 설탕을 넣는다고 되어 있다. 우유와 설탕을 넣는 비율이 급격히 줄어들고 있는 것을 알 수 있다.

두 번째는 녹차 음용 확산이다. 최근 들어 서양에서는 홍차보다 녹차가 더 건강음료로 여겨지는 분위기다.

세 번째는 우롱차, 백차, 보이차 등 다양한 종류의 차들이 이전에 비해 보다 적극적으로 서양에 소개되고 또 음용도 늘어나고 있다.

문화는 교류하면서 서로 영향을 미친다. 우리나라에서는 서양과 빈번한 교류를 통해 홍차 음용이 늘어나듯이 서양 또한 동양(동아시아)과의 교류를 통해 동양의 차를 새롭게 발견하고 있다. 그리고 이번에는 동양의 차를 아무것도 넣지 않고 차 자체의 맛과 향을 즐기는 동양식(혹은 동아시아식) 그대로 받아들이고 있다.

이런 영향들로 홍차 음용자들 사이에서도 우유와 설탕을 넣지 않고 홍차 자체의 맛과 향을 즐기고자 하는 새로운 트렌드가 나타났고, 이런 음용 방식에 적합한 고급홍차에 대한 수요가 만들어졌다.

채엽 방법 변화: 싹과 어린 잎 비율 증가

CTC 가공법으로 생산된 분말 크기 찻잎이 들어 있는 티백이 압도하는 시장에서도 소수의 미식가들을 위한 고급차 시장은 규모가 크지는 않지만 항상 있었다. 이들을 위해 정통 가공법으로 생산된 루스 티(Loose Tea)를 티백과 구분해 일반적으로 스페셜티 티(Speciality Tea)라고 불렀다. 최근 들어서 이 스페셜티 티 생산량이 증가하고 품질 또한 놀랄 만큼 고급화되고 있다.

정통 가공법(Orthodox Method)으로 생산되는 홍차에 있어 "고급화"의 가장 핵심은 채엽에서의 변화다. 홍차의 맛과 향에 영향을 미치는 중요 요소는 차나무 품종, 생산지의 떼루아 그리고 가공 방법이다. 인도, 스리랑카, 케냐 등 생산지의 떼루아는 변할 수 없다. 재배하는 품종의 변화도 맛과 향에 영향을 미칠 수는 있다. 하지만 최근 고급화에 있어 가장 두드러진 부분은 가공 방법의 변화다. 변화의 초점은 이전과는 달리 싹과 어린 잎 위주로 채엽해서 이것을

홍차는 보통 이런 찻잎으로 가공하는데 최근에 고급화되면서 어린잎으로도 홍차를 만든다.

원료로 홍차를 만드는 것이다. 지금까지도 정통 가공법에서 싹과 어린 잎은 중요했고 등급에 따라 어느 정도는 포함되었지만, 최근에 와서 싹과 어린 잎 위주로 생산하는 비율이 매우 높아졌다는 의미다.

가공 방법 변화

싹과 어린 잎 위주로 홍차를 가공하게 되면 위조, 유념, 산화 등 각 단계에서의 가공 방법이 다 자란 찻잎으로 가공할 때와는 달라진다. 대표적인 것이 유념으로, 부드럽게(약하게) 하여 찻잎에 상처를 덜 입혀 완성된 찻잎이 비교적 온전한 형태를 유지하면서 크기도 비교적 크다. 완성된 찻잎이 클수록 일반적으로는 맛과 향의 섬세함과 풍성함을 더 많이 가지고 있다. 싹과 어린 잎 자체(다 자란 잎과 비교하면 포함된 성분 구성비가 다르다)가 맛과 향에 미치는 긍정적 영향과 더불어 가공 방법의 변화가 오늘날 고급화된 홍차의 핵심 요소다.

　등급과 연관 지어 설명하자면, 이전에 비해 최고등급인 SFTGFOP 등급이나 이에 가까운 등급이 더 많아진 것으로도 알 수 있다. 다즐링 홍차는 오래전부터 이미 그런 경향을 보이기는 했지만 최근 들어서는 아삼, 닐기리, 네팔, 스리랑카 저지대, 그리고 케냐 등에서도 이런 높은 등급을 많이 생산하고 있다. 실제로 마른 찻잎만 봐서는 골든 팁(Golden Tips: 싹이 황금색으로 산화된 것을 가리키는 용어)이 많은 것이 특징인 중국 홍차와 구별이 안 되는 경우가 종종 있다.

우유와 설탕을 넣지 않고 차를 마시는 중국은 인도
와 스리랑카, 케냐 등 영국식 홍차를 생산하는 국가들
에 비해서는 비교적 오래전부터 싹과 어린 잎 위주로
홍차를 생산해 왔다. 이런 중국 역시 경제발전 영향으
로 2006년 전후로 고급홍차에 대한 수요가 전반적으
로 증가했다. 이런 분위기에서 새로 출시된 홍차가 고
급홍차의 대명사인 금준미金駿眉로, 이른 봄에 채엽한
싹으로만 만들어진다.

이렇게 고급 채엽(Fine Plucking)과 이에 적합한 가
공법으로 생산한 홍차는 주로 단일다원홍차(Single
estate)나 단일산지홍차(Single Origin)로 판매된다. 품
종이나 생산지역의 떼루아(Terroir)가 가진 특징을 잘
반영하고 있기 때문이다. 그리고 일반적으로는 가격
도 높은 편이다.

무난한 맛과 향을 장점으로 하는 블렌딩 홍차는 일
상에서 마시기에 적합하고 가격 또한 저렴한 편이다.
그리고 블렌딩 홍차 중에는 매우 훌륭한 맛과 향을 가

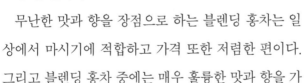

• 블렌딩홍차의 대표 잉글리쉬 브렉퍼스트
• 단일산지홍차인 다즐링
• 스리랑카 딤불라 지역의 다원 케닐월스

진 제품들도 많다. 게다가 차 회사의 실력은 이 블렌딩 홍차의 품질에서 좌우된다고까지 말해진다. 하지만 무난한 맛과 향이란 대다수 음용자의 기호에 맞춘 것이다. 그리고 대다수 음용자는 설탕과 우유를 넣었다.

설탕과 우유를 넣지 않는 음용방식에서는 차 자체의 뚜렷한 개성이 더 중요해진다. 여기에 적합한 것이 바로 단일산지홍차, 단일다원홍차다. 그리고 홍차의 고급화와 다양화가 이 방향으로 진행되고 있다.

티백의 고급화

이렇게 고급홍차 생산이 늘어나자 판매자(회사)들 역시 단일다원홍차, 단일산지홍차 등 고급홍차 판매비중을 이전보다 훨씬 높였다. 여기에 자신들의 새로운 전략을 더한 것이 티백의 고급화다. 홍차 자체의 맛과 향을 즐기기에는 강하게만 우러나는 기존 티백 제품들은 적합하지가 않다. 하지만 홍차를 간편하게 마실 수 있게 하는 티백의 장점 또한 매우 크다. 이 장점을 살리면서 고급화하는 방법은 기존의 미세한 분말 형태의 찻잎 대신 정통 가공법으로 생산한 찻잎을 티백에 넣는 것이다. 사용되는 찻잎 크기는 브로컨(broken) 등급에서 홀 립(Whole leaf) 등급까지 다양하다. 물론 티백도 모슬린(muslin)으로 만든 주머니 모양, 플라스틱 재질의 그물망으로 만든 삼각형, 사각형 모양 등 다양하다. 공간을 여유 있게 만들어 찻잎이 충분히 팽창할 수 있게 하고 물의 순환도 원활하게 하여 차의 맛과 향이 제대로 우러나게 하였다.

커피에 비유하자면, 믹스커피에서 출발하여 좋은 원두를 추출해서 마시는 수준으로의 고급화도 있지만 믹스커피 스타일을 유지하면서도 크림이나 설탕을 뺀다든지 커피 자체의 품질을 개선한 고급화 방향이 있는 것과 같다.

차 회사들의 발 빠른 대응

마리아주 프레르(Mariage freres), 티 더블유 지(TWG) 같은 차 회사들은 오래전부터 이런 형태의 티백을 판매해 왔고 포트넘앤메이슨도 몇 년 전부터 기존 사각형 티백 제품에 더하여 이런 고급화된 티백라인을 추가하고 있다. 스티븐 스미스 티메이커(Steven Smith Teamaker) 같은 회사는 거의 전 제품을 이런 고급형태 티백으로 판매한다. 세계 대부분의 차 회사들이 이들과 유사한 마케팅 전략을 시행하고 있다.

포트넘앤메이슨의 고급티백

우리에게 익숙한 기존 사각형 티백 속에는 거의 100% 블렌딩 홍차를 넣었다. 그것도 대개는 CTC 가공법으로 만든 홍차였다.

고급형태 티백에는 정통 가공법으로 만든 홍차뿐만 아니라 단일산지 홍차 심지어 단일다원 홍차까지 넣기 시작했다.

스타벅스(티바나)나 캐나다의 데이비드티(DAVIDsTEA)는 브랜드 이미지를 유지하기 위해 자신들이 운영하는 매장에서만 차를 판매해 왔다. 최근 들어 이들도 슈퍼마켓에서 판매하기 위한 고급티백을 생산해 공급하기 시작했다. 이처럼 홍차의 고급화는 큰 흐름이고 고급화의 수준과 방향도 다양하다.

홍차의 새로운 시대를 맞이하면서

동양의 차가 서양에서는 서양의 차가 되었다. 서양의 차로 변하는데 있어 핵심 요소는 우유와 설탕이었다.

우유와 설탕을 넣으면서 서양화된 "맛있는 차"는 홍차였다. 사실 홍차는 차의 나라 중국에서는 별로 선호되지 않는 차였다. 그래서 영국인은 자신들을 위한 홍차를 식민지인 인도와 스리랑카 땅을 이용해서 생산했다. 지금도 여전히 홍차는 인도, 스리랑카, 케냐 등에서 대부분 생산된다.

서양에서는 최근 들어 건강에 대한 관심이 커지기도 했고 또 동서양의 빈번한 문화교류 영향으로 설탕을 넣지 않고 마시는 나머지 차들에 대해서도 관심을 가지게 되었다. 그러면서 홍차에도 설탕과 우유를 넣지 않는 트렌드가 생기기 시작했다. 자연스럽게 홍차 자체의 맛과 향을 즐길 수 있는 고급홍차에 대한 수요가 늘었다. 이제 서양은 동양의 차를 동양의 방식으로 마시기 시작한 것이다.

최근 이 모든 변화를 상징하는 하나의 "사건"이 있었다. 세계에서 가장 큰 차 회사인 유니레버(Unilever)가 차 사업을 포기했다. 유니레버는 립톤, PG팁스를 포함하여 전 세계에 걸쳐 수십 개의 (홍)차 브랜드를 소유하고 있었다. 그리고 립톤, PG팁스가 상징하듯이 설탕과 우유를 넣어 마시는 저렴한 티백 제품들이 판매 제품의 주류를 이루었다. 다시 말하면, 이 글 전체에서 말한 고급화 추세에 적응하기 어려운 제품 구성이었다. 2022년 6월 30일 인도, 네팔, 인도네시아 등 일부 국가들에서 소유하고 있는 몇 개 브랜드를 제외한 34개 브랜드를 통째로 매각했다.

유니레버의 차 사업 포기는 "설탕과 우유를 넣은 기능성 홍차" 시대를 마감하고 "위안을 주는 정신적 음료" 시대로의 이행을 알리는 하나의 징표인지도 모른다.

세계최대 차 회사였던 유니레버

차 나 무,
그 리 고
차밭 이야기

영화《**미스 포터**》

• 이성문 •

제주대학교에서 농학을 전공하고, 현재 제주특별자치도농업기
술원에 농업연구사로 재직 중이다. 제주지역에 적합한 차 품종
및 재배기술 개발 업무를 맡고 있으며, 2022년 차나무 품종 '진
설'을 육성하였다. 제주지역의 차 생산을 확대시키고자 노력하
고 있다.

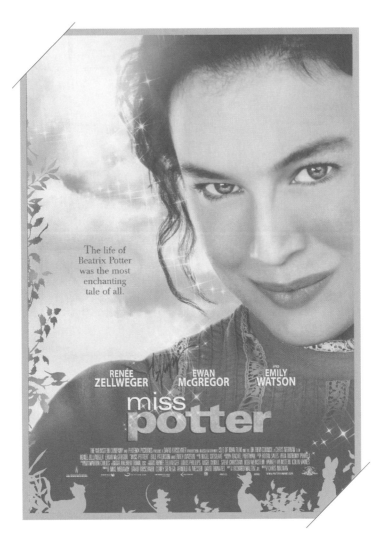

The life of
Beatrix Potter
was the most
enchanting
tale of all.

RENÉE
ZELLWEGER

EWAN
McGREGOR

AND

EMILY
WATSON

miss
potter

미스 포터

감독 크리스 누난, 주연 르네 젤위거, 이완 맥그리거
영국, 미국, 2006

영화 《미스 포터》

세계적인 아동문학 작가 하면 가장 먼저 누가 떠오르는가? 나는 단연 『피터 래빗 이야기*The Tale of Peter Rabbit*』의 어머니 베아트릭스 포터를 떠올린다. 어릴 적 동화책으로 접하기도 했고, 지금도 문구 등에서 자주 볼 수 있다. 그녀의 동화는 영국 문학계의 살아 있는 신화이자, 120년 동안 전 세계 1억 부 이상 판매, 30개 언어로 번역되었다. 영화 《미스 포터》는 이 위대한 작가 베아트릭스 포터(르네 젤위거 분)의 삶과 애틋한 사랑 이야기를 담았다.

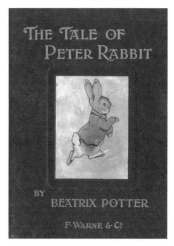

영화는 1902년 그녀가 6개의 출판사에서 동화출판을 거절당하지만 다시 한 번 Warne 출판사에 출판 의향을 전하는 내용으로 시작된다. 그녀의 그림 카드를 본 출판사 직원들은 불만스런 신음을 내며, 그녀의 그림 카드를 탐탁지 않게 검토하는 장면이 나온다. "토끼에 단추 달린 조끼라… 상상력은 있군"이라며 그녀의 재능을 폄하하면서도 그녀의 상상력에서 내심

『피터래빗 이야기』 초판본(출처: https://www.peterrabbit.com/)

베아트릭스 포터(출처: 구글)

가능성을 보고, 이 일을 출판 경험이 없었던 위른가의 막내 노먼(이완 맥그리거 분)에게 맡기면서 포터와의 만남이 시작된다.

노먼은 단번에 포터의 재능을 알아본다. 그는 그녀의 작품에 구애를 하고, 결국에는 천진난만하고 사랑스러운 매력에 빠지고 포터 또한 노먼의 자상함과 친절함에 반하게 된다.

하지만 부유한 집안의 남자와 결혼하는 것이 사회풍토였던 빅토리아시대에 두 사람의 신분 차이가 그들의 사랑을 가로막는다. 그러나 포터는 용감하게 별 아래 드러낼 수 없는 사랑 속으로 뛰어들었다. 행복한 시간도 잠시 노먼과의 사랑은 포터에게 지워지지 않는 상처로 남았다. 결혼을 약속한 노먼이 급성 폐렴으로 세상을 떠난 것이다.

한동안 절망에 빠져 있던 그녀는 노먼의 동생 밀리에게 편지를 보낸다.

"노먼은 비록 짧은 생을 살았지만 충만하고 행복한 인생이었어. 나도 내년에는 새로운 시작을 시도해야만 하겠지."

그녀는 고향 런던을 떠나 레이크 디스트릭트에서 새로운 삶을 시작한다. 아마 런던은 노먼과의 추억으로 가득 찬 도시이면서 상

영화《미스 포터》中 노먼과 포터와의 첫 만남과 서로에게 설렘을 느낀 순간

처의 도시였을 것이다. 연인을 잃고 기댈 곳 없던 그녀에게 어깨를
빌려주고 눈물을 닦아준 건 말 없는 자연이었다.

　1903년부터 1913년까지의 10년은 그녀가 가장 왕성하고 활발
하게 그림을 그리고 동화를 쓴 기간이다. 다람쥐, 집오리, 고양이,
고슴도치 등 숲속이나 농장에 사는 동물들을 주인공으로 그림을
그리고, 산책하고 밭을 갈거나 양들을 키우며 그녀는 다시 현실에
뿌리를 내리기 시작했다.

뛰어난 관찰력을 통해 세상을 바라보다

베아트릭스 포터는 1866년, 런던 사우스 켄싱턴의 부유한 가정에
서 태어났다. 가정교사에게서 교육을 받았던 그녀는 바깥세상과
접촉할 기회를 거의 갖지 못했다. 부모를 볼 수 있는 시간도 극히
적었고 하나뿐인 남동생도 기숙학교에 다니고 있었다. 외로운 어
린 시절을 보낸 그녀는 옥상에서 키우던 개구리, 두 마리의 도마뱀,
방울뱀, 자라, 박쥐, 벤저민, 그리고 피터라 이름 붙인 두 마리의 토

끼들을 관찰하며 시간을 보냈다. 어린 시절 포터는 몇 시간이고 이들을 들여다보며 꼼꼼하게 그들을 그리곤 했다.

특이한 것은 포터가 균류학자 이력이 있다는 것인데, 그녀의 뛰어난 관찰력 덕분에 지의류地依類를 처음으로 발견했다. 지의류는 균류와 조류의 공생체로, 균류는 조류를 싸서 보호하고 수분을 공급하고, 조류는 동화 작용을 하여 양분을 균류에 공급하는 역할을 한다. 서로를 보듬어주며 살아가는 것이다. 포터는 1897년에 이 발견을 논문으로 발표했지만, 당시 과학계는 남성 우월주의가 팽배하여 논문의 저자가 여성이라는 이유로 평가 절하된 데다, 논문 내용도 보수적인 학자들의 눈살을 찌푸리게 하면서 당시에는 받아들여지지 않았다. 하지만 현재는 과학계에서 만장일치로 받아들여지는 사실이고, 린네 협회(Linnean Society)는 1997년 공식 사과를 하기도 한다. 이 사건으로 포터는 과학계를 떠났고, 본격적으로 아동문학 출판의 길에 들어서게 되는 계기가 된다.

영화 속의 차: 대화의 음료, 차

영화의 배경인 1900년대 초반은 영국에서 홍차가 대중화되어 일상 음료로 자리매김할 때이다. 1890년을 전후로 홍차 가격이 저렴해지기도 했거니와 애프터눈 티(afternoon tea) 문화의 정착으로 영국의 국민음료가 되었다.

영화 속에서 차는 사람들이 대화를 나눌 때 어김없이 매개체로 등장해 중요한 소품으로 자리한다. 영화에서 차에 관한 인상 깊은 네 장면이 있었다. 먼저 노먼이 포터와 처음으로 만났을 때 등장하는 차다. 노먼이 출판을 설득하러 포터의 집에 가서 마시는 장면으로, 노먼은 차에 레몬을 넣어 달라고 요청한다. 하지만 서로를 탐색하다 보니 차는 마시지도 못하고 집으로 향하게 된다. 여기서 영국인들의 차를 마실 때의 습관을 알 수 있는데. 개인의 취향에 따라 설탕이나 레몬, 우유 따위를 넣어 마셨다고 한다. 우리나라에서도 요새 블렌딩의 유행으로 단순하게 우려진 차보다는 맛있는 음료로서의 소비가 늘고 있다.

첫 출판을 성공적으로 마친 후 노먼은 포터를 자신의 집으로 초대하게 되는데, 여기서 노먼의 어머니는 "분위기도 따뜻하고, 차를 마시자꾸나"라며 포터에게 차를 대접한다. 가볍게 차를 마시며 차담을 나누는데, 시시콜콜한 대화였지만 따뜻한 차에 녹아져 나오는 사람들의 대화는 서로에게 마음을 열게 하는 매개체가 되었다.

서로의 사랑을 확인할 때에도 어김없이 차가 등장한다. 포터와 노먼이 카페에서 애프터눈 티를 마시며 포터의 작가 등단을 축하하고, 서로의 설렘을 마주하게 되는 장면이다. 노먼과 포터는 책을 계속해서 내자며 지속적인 만남을 위한 약속을 하게 된다.

마지막으로 갈등을 해결하는 데도 차가 제 역할을 한다. 포터는 노먼과의 약혼을 반대하는 부모님에 맞서 식음을 전폐하는데, 부모님이 어쩔 수 없이 노먼과의 약혼을 조건부 허락하며, "늘 차를 마셨잖니?"라고 차를 권하면서 화해의 손길을 내밀게 된다. 어머니가 우려주는 차에 가족간의 갈등도 녹아내린다. 차는 대화의 음료다.

영화《미스 포터》中 영화 속의 차

자연의 중요성을 배우다

포터 가족은 매해 여름이면 시골집을 빌려 여름을 났다. 처음에는
스코틀랜드 퍼스셔에서, 포터가 열다섯 살 되던 해부터는 레이크
디스트릭트에서 여름을 보냈다. 윈더미어에 머물던 1882년, 포터
는 지역 목사인 캐논 하드윅 론슬리(Canon Hardwicke Rawnsley)를
만나게 된다. 레이크 디스트릭트의 과도한 개발과 관광산업에 우
려를 표하던 그는 1895년, 자연과 문화를 보호할 목적으로 내셔널
트러스트*를 설립한 인물이다. 두 사람 모두 자연환경에 대한 사랑

---

* 　내셔널 트러스트(National Trust): 보존가치가 있는 자연이나 역사 건축물과
　　그 환경을 기부금, 기증, 유언 등으로 취득하여 이것을 보전, 유지, 관리, 공
　　개함으로써 차세대에게 물려주는 것을 목적으로 하는 시민운동으로, '자연
　　신탁국민운동'이라고도 한다. 영국의 경우 19세기부터 시작해 100여 년이

레이크 디스트릭트(출처: 구글)

을 공유했기 때문에 포터에게 자연 보존에 대한 중요성을 일깨워 주었고, 훗날 포터가 사망하면서 거의 모든 재산을 내셔널 트러스트에 기증하게 되는 계기가 된다. 영화 곳곳에서 레이크 디스트릭스의 아름다운 풍경을 연신 비춘다.

1943년 77세의 나이로 세상을 떠난 포터의 몸은 그녀가 사랑했던 레이크 디스트릭트의 숲에 재로 뿌려졌다. 그녀는 거의 500만 평에 달하는 4,000에이커의 땅과 몇 채의 집들과 15개의 농장에 이르는 대부분의 재산을 내셔널 트러스트에 기증했다. 내셔널 트러스트는 그녀의 유언대로 지역 농부들과 힘을 모아 레이크 디스트릭트를 옛 모습 그대로 지키면서 가꿔 나가고 있다.

넘는 운동의 성과로 약 250만 명의 회원과 22만ha의 토지와 성城을 비롯한 300여 개의 역사적 건조물, 600km가 넘는 아름다운 자연해안 등 막대한 자산을 보유, 이를 공개하고 있다.

허드윅 양과 베아트릭
스 포터(출처: 구글)

농부 베아트릭스 포터

나는 포터와 노먼의 가슴 아픈 사랑 이야기도 여운에 남지만, 그녀
가 레이크 디스트릭트 지역의 자연을 지키기 위해 노력해 온 삶이
나에게 더 와 닿았다. 레이크 디스트릭트 지역의 목가적인 풍경은
너무나 영국적이고 낯설지만, 그녀가 지키려고 하는 마음이 제주
의 자연 그리고 차밭에 이입되었기 때문이다.

　그녀는 빼어난 동화작가였을 뿐 아니라 전통 농업을 지킨 진정
한 농부이기도 했다. 사라져가던 토종 허드윅 양들을 직접 길러 양
경연대회에서 상을 휩쓸었던 것이다. 그리고 1943년에 그녀는 여
성으로서 처음으로 허드윅 양목업자협회의 회장으로 선출되기도
한다. 또 포터는 그녀에게 영감을 주고 삶을 고양시킨 자연을 사랑
하고 지킬 줄 아는 사람이었다. 사랑한다는 것은 그 사랑의 대상이
본연의 모습으로 남을 수 있도록 배려하고 애쓰는 게 아닐까 싶다.

차나무의 기원과 분류

차나무의 기원에 대해 중국 학자들은 윈난성(雲南省)의 서쌍판납지구로 추정하고 있으며, 일본 학자들도 중국과 일본 각 지역의 차나무의 형태적 특징을 조사, 분석하여 중국 동남부에서 인도 아삼 지방의 중간지역, 즉 중국의 쓰촨(四川) 및 윈난(雲南) 지방에 차나무의 기원이 있다고 하여, 이 주장이 널리 인정받고 있다.

차나무의 학명은 *Camellia shinensis* (L). O. Kuntze로, 종명인 sinensis는 '중국의, 중국인의'라는 뜻의 형용사이기도 하다. 그리고 한족의 차 이용은 기원전·후에 시작되었다고 볼 수 있어 중국이 차의 원산지임을 잘 보여준다.

차의 기원에 관한 두 가지 일화가 있다. 먼저, 신농의 일화로 독초를 먹고 사경을 헤매던 신농이 우연히 발견한 찻잎을 먹고 원기를 회복했다고 한다. 또 다른 일화는 참선을 하던 달마대사가 졸음을 쫓기 위해 본인의 눈꺼풀을 뜯어 뒤뜰에 버렸는데, 눈꺼풀을 버린 자리에서 나무가 자랐다. 이 나무의 잎을 따먹어보니, 잠도 달아나고 정신도 맑아지는 것을 느껴 정신 수양을 위해 수시로 따먹었다. 그 잎이 바로 찻잎이었다는 이야기이다. 두 일화로 미루어보아 차는 처음에 두통과 복통 등의 치료제로 사용했으며, 생산지역이 확대되고 생산량이 증가함에 따라 그 효용이 음료 등으로 보편화되었다고 할 수 있다.

차나무를 식물 계통 분류학적으로 살펴보면 동백나무목(Theales), 동백나무과(Theaceae), 동백나무속(Camellia), 차조〔茶組, Section

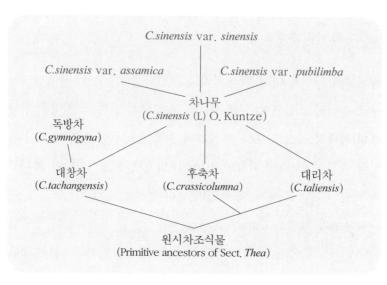

차조식물의 계통학적 분류(Phylogenetics of Section Thea)
(출처: 농촌진흥청, 『차나무 유전자원 특성조사 매뉴얼』, 2019)

Thea(L.) Dyer)로 분류하며 차조에 포함된 모든 종과 변종을 차나무 식물이라 한다. 차조에는 다섯 가지 종과 세 가지 변종이 있다. 5종은 대창차(*C. tachangensis* F.C. Zhang), 후축차(*C. crassicolumna* Chang), 대리차(*C. taliensis* Melchior), 독방차(*C. gymnogyna* Chang) 및 차나무(*C. sinensis* (L.) O. Kuntze]이고, 변종은 *C. sinensis* var. *sinensis*, *C. sinensis* var. *assamica* Kitamura와 *C. sinensis* var. *pubilimba* Chang이 있다. 대창차, 후축차, 대리차 및 독방차는 야생형 차나무 식물이고, 차나무는 인간에 의해 재배되어 식품, 음료 및 경관 등 상업적으로 이용되고 있다.

우리나라 차 재배 역사

우리나라의 차 재배와 관련해서는 『삼국사기』에 '신라 홍덕왕 3년 (828) 당나라에 사신으로 갔던 대렴大廉이 종자를 가져왔다'고 기록되어 있으며, 일설에는 '신라 선덕여왕(632~646년) 때 선승이 중국에서 가져와 경남 하동 화개花開의 쌍계사 근처에 처음 재배하였다'고도 한다. 또한 가야 김수로왕 왕비인 허황후가 서기 47년 7월에 인도에서 올 때 가지고 왔다는 설도 있다. 백제 최초의 절인 영광 불갑사와 나주 불회사 인근에 차나무가 자생하고 있으며, 특히 불회사 인근에 넓게 분포되어 있는 것으로 보아 오래전부터 차나무를 재배해온 것은 자명하다.

근현대의 차 재배를 보면, 오자끼(尾崎)라는 일본인이 1911년 무등산에 차밭 7ha를 재배하였으며, 1916년 나주군 불회사 경내에 야생차밭 5ha와 1919년 장흥 보림사 주변에 차밭 7ha가 만들어졌다. 전남 보성에서 차를 재배하기 시작한 것은 1941년 이후로, 일본 회사(경성화학)에서 30ha를 심었고, 한국전쟁 이후인 1957년에 대한다업에서 이 차밭을 인수하였다. 1965년 대한다업이 50ha, 동양홍차가 30ha의 다원을 보성에 새로 조성하였다.

1969년부터 정부에서 농특사업의 일환으로 지원하여 보성 440ha, 광주 10ha, 고흥 130ha, 영암 80ha, 통영 20ha 등 680ha와 기존 다원 130ha를 합쳐 810ha의 차밭이 만들어졌지만, 일부 지역을 제외하고 방치된 차밭이 많았다.

이외에 한국제다는 1965~1983년에 걸쳐 장성군에 3ha, 영암군에 7ha, 해남에 10ha를 조성하였고, 장원산업(현 오설록농장)은 1982년부터 제주도 서귀포 지역에 79ha, 한남에 46ha, 전남 강진과 해남 지역에 48ha의 차밭을 현대식 평지 차밭으로 조성하였다.

하동 화개·악양·산청 지역에서는 야산에 자생하는 차를 채취하여 이용하는 정도였고, 일부 농가에서는 종자를 채종하여 산간지에 심어 야생차로 소규모의 녹차를 만들어왔다.

2021년 기준 국내 차 재배 면적은 2,722ha이고 농가수는 2,498호이다. 전라남도, 경상남도, 제주도, 전라북도 순으로 많이 재배되고 있다.

우리나라의 차밭 형태

일반인이 한 그루의 차나무를 보고 차나무라고 알아맞히기는 쉽지 않을 것이다. 우리는 개체로서의 차보다 군락群落을 이룬 차밭이 익숙하다. 차밭은 차를 생산하기 위한 밭이다. 우리에게 익숙한 잘 정돈된 차밭의 풍경은 찻잎의 생산성을 극대화하기 위해 인위적으로 조성한 것이다.

우리나라에는 다양한 형태의 차밭이 있다. 하동 쌍계사 입구 인근에 위치한 시배지처럼 지리산 골짜기 바위틈에 자라고 있기도 하고, 전남 보성에서 쉽게 볼 수 있는 것처럼 계단식 차밭이 있는가 하면 제주처럼 평지에 드넓게 펼쳐진 차밭의 형태도 있다.

차밭을 보면 저마다 푸른 물결처럼 오목하고 볼록하게 이어져 있다. 하동·보성·구례·남원에 있는 차밭은 유연한 곡선의 형태가

쌍계사 차나무 시배지(출처: 한국학중앙연구원)
↑ 보성 몽중산다원
← 제주 오설록농장(한남다원)

많고, 소위 밭차라고 불리는 기계식 차밭은 직선적이다.

우리나라의 주요 차 생산지는 전남과 경남 및 제주 지역으로, 비교적 기온이 높고 강수량이 많은 지역에 분포되어 있으며, 경사도가 5~40°로 급경사의 산간지인 경우가 많다. 앞으로 우리나라에서도 평지 집단재배를 통해 작업을 기계화하여 생산성을 향상시킬 필요가 있다.

차밭 만들기

우리나라 차밭은 대부분 산간지나 준산간지에 씨앗으로 번식되어, 품종으로 재배되는 차밭 비율은 20%로 주요 국가에 비해 낮다. 일본은 품종화가 90% 이상 달성되었다. 중국도 각 성城마다의 품종으로 차밭을 절반 가까이 품종화品種化하였다.

차밭을 씨앗으로 조성할 경우 차나무는 타가수정 작물로서 같은 나무에서 얻은 종자일지라도 그 후대는 식물체의 외형, 수량 및 각종 형질에서 차이가 있다. 씨앗으로 육묘한 개체들은 특성이 각기 다른 잡종들이다. 따라서 싹트는 시기나 생장속도, 잎의 모양이나 수량 등에 차이가 있어 전체적인 생육이 균일하지 않다. 결국 씨앗으로 차밭을 조성할 경우 수확시기 판정이 어려워 기계수확이 어렵고, 수량과 품질이 크게 떨어지며, 생산비 상승으로 이어진다.

최근에는 대형 다원을 중심으로 품종화된 평탄지 다원을 조성하려는 움직임이 활발하다. 이에 차밭 만드는 방법에 대해 소개하고자 한다.

국가명	품종화 비율(%)	기준연도
중국	46	2010
일본	92	2004
한국	20	2018
인도	60	2011
스리랑카	55	2004
케냐	60	2011
말라위	40	2006

국가별 품종화 다원 비율(Chen et al., 2011)

① 품종 선택

품종은 정형화된 차밭을 만드는 데 기본이 된다. 식물은 개체 스스로 결합하기도 하고, 여러 가지 원인에 의해 결합을 못하기도 하는데, 차는 후자에 해당하며 그 정도가 매우 심한 식물에 속한다. 앞서 말한 것처럼 차나무에 달린 씨앗들은 저마다 다른 특성들을 가지게 되고, 종자를 이용해서 그대로 차밭을 만들면 재배자는 차밭을 통제하기 어려워진다. 따라서 품종화品種化 한다는 것은 그 품종 고유의 잎의 색, 차의 맛, 수확시기 등 특징이 균일하게 되는 것을 의미한다. 재배자가 품종의 특징을 알면 통제가 가능해진다. 이러한 품종들은 목표에 맞는 개체들을 선발하면서 만들어진다. 예전에는 품종 육성 목표가 녹차나 홍차, 그리고 보이차를 만들었을 때 품질이 좋은 것에만 중점을 두었지만, 최근에는 내한성, 내병·내충성 등 재해에 강한 품종들을 만들고 있다. 국내의 경우에도 이상저온으로 인하여 내륙의 차 재배지에서 차나무 동해凍害 문제가 겨울철 주요 이슈로 떠오르고 있다. 이를 해결하기 위하여 여러 가지 재배적인 기술이 투입되고 있지만 근본적 예방 방법은 추위에 강한 차나무를 선택하는 것이다.

국가명	주요 품종명
한국	상목, 참녹, 금설, 보향, 비취설, 진설, 금녹, 금향, 명선, 명녹, 미향, 보림, 상녹, 선향, 은녹, 은향, 중모, 진향, 화덕 등
중국	Fuding Dabaicha, Longjing43, Yunkang10, Zijaun, Ziyan, Anji Baicha, Baijiguan, Yuncha1, Changyebaihao, Menghai Dayecha, Foxiang1, Huangjinya 등
일본	야부키타, 사메미도리, 후슌, 미나미사야카, 베니후우키, 호꾸 메이, 사키미도리, 료우후우, 무사시카오리, 하루미도리 등

한중일 주요 품종

②번식

차나무의 씨앗으로 조성한 차밭의 경우, 앞서 말했던 것처럼 유전적으로 균일하지 않기 때문에 수확시기 결정과 고른 품질의 차를 만들기 힘들다. 이에 따라 우량 품종의 차나무를 꺾꽂이 번식하면 모든 차나무가 유전적으로 같아져 품질이 균일한 찻잎을 얻을 수 있다.

우리나라에서 하는 차나무 꺾꽂이법에는 비닐하우스 내 꺾꽂이법, 노지평면 지붕식 꺾꽂이법, 2중 해가림 터널식 꺾꽂이법 등이 있다. 비닐하우스 내 꺾꽂이법은 시설비가 많이 들고, 여름꺾꽂이 때 환경조절이 어렵고, 노지평면 지붕식 꺾꽂이법은 시설비는 적게 들지만 환경조절이 어려운 단점이 있다. 2중 해가림 터널식 꺾꽂이법은 시설비가 적게 들고 환경조절이 쉬워 묘목 생산비가 적게 소요된다.

차나무 묘목 생산(2중 해가림 터널식 꺾꽂이법)

③묘목 심기

차밭은 푸른 물결처럼 줄줄이 오목하고 볼록하게 이어져 있다. 차밭을 조성할 때 이 길이는 50m 정도로 하고, 기계화가 가능한 밭이라면 100m 단위로 만든다.

밭에 차나무 묘목을 심을 때는 늦서리가 없는 4월 상순이 좋은데, 제주지역의 경우 2월 하순부터 심기도 한다. 심는 방향은 평지의 경우 동해 방지를 위하여 남북방향으로 심는 것이 좋다. 하동이나 보성의 산간지에는 외줄로 심기도 하지만 최근 차밭 조성의 경우 기계화를 염두에 두고 두 줄로 심는다. 두 줄로 심는 것은 찻잎의 수량을 극대화하려는 목적이다. 심는 밀도는 주로 180×30cm로 하는데, 요즘은 나무와 나무의 생육 경합 부분이 많아서 수량에 영향을 주기 때문에 줄 간격을 30cm에서 45cm까지 늘리기도 한다.

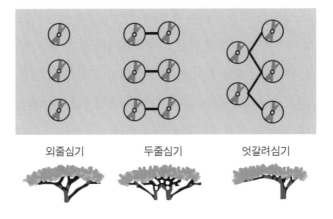

차나무 묘목 심는 방법(출처: 농촌진흥청, 『차』, 2018)

평지 차밭 조성
(제주)

④지형

경사도 5~15°까지는 경사면을 그대로 이용하는 것이 토지이용률 면에서 유리하고 가반형可搬型 수확기 이용도 가능하다. 경사도가 15~20°일 경우는 경사도가 12°쯤 되도록 계단을 조성하는 것이 좋다. 또한 경사도가 20°를 넘는 지형에서는 토양침식을 막을 수 있도록 30° 정도를 상한으로 하여 수평 계단밭으로 이용하는 것이 좋다. 조성 예정지는 지형에 따른 기상재해와의 관계 및 차밭 관리 작업을 고려하여 기계화가 쉬운 곳을 골라야 생산성 높은 차밭을 만들 수 있다. 승용형 기계 도입 등 완전한 기계화를 위해서는 경사도 5° 미만의 지형을 선택하는 것이 유리하다.

⑤차나무 정지(자르기)

차밭의 아름다움은 단순히 푸르름에서만 오는 것이 아니라 정돈된 차의 수형에서 오는 안정감도 한몫할 것이다. 따라서 차나무의 수

방치된 차밭(제주)

형을 잡아주고 계속해서 다듬어가야 한다.

정지整枝는 찻잎 수확면을 균일하게 하고, 수확 시에 늙은 잎과 딱딱해진 줄기, 늦게 나온 싹 등을 잘라 찻잎의 품질을 높여주기 위해 실시한다. 1년에 봄 정지, 가을 정지, 화장 정지 등 수차례 정지 작업을 해주게 된다.

차밭을 제대로 정지整枝하지 않으면, 새싹 발생이 적어지거나 균일하지 않고, 수확량이 낮아진다. 또한 정지를 하지 않고 방치하면 키만 무성해지고 수확이 불가능한 상태로 변하게 된다. 다시 수확하고자 하면 밑동으로 나무를 잘라 새로이 수형을 형성시켜야 하는데, 이 작업에 많은 시간이 소요된다.

⑥수확

차나무는 1년에 네 번 수확이 가능하다. 수확시기 별로 첫물차, 두물차, 세물차, 그리고 네물차로 구분한다.

첫물차의 새싹은 3월 하순경부터 싹트기 시작하여 4월 하순에서 5월 상순까지 수확한다. 맹아에서부터 수확까지의 적산온도는 380~480℃가 필요하다. 맹아기에서 수확까지의 일수는 32.5일 정도이다. 첫물~두물차 소요 일수는 45~50일 정도이고, 두물~세물차 소요 일수는 35~40일이다.

수확방법에는 손따기, 2인용 채엽기(가반형), 승용형 채엽기 등이 있다. 손따기는 1심 1~2엽의 품질 좋은 찻잎을 수확할 수 있지만 작업 능률이 극도로 낮다. 대면적 재배를 위해서는 2인용 채엽기 또는 승용형 채엽기를 통한 기계 수확이 바람직하다.

구분	채엽시기	제특성
첫물차	4월 중순 - 5월 상순	차의 맛이 부드럽고 감칠맛과 향이 뛰어남
두물차	6월 중순 - 6월 하순	차의 맛이 강하고 감칠맛이 떨어짐
세물차	8월 상순 - 8월 중순	차의 떫은맛이 강하고 아린맛이 약간 있음
네물차	9월 하순 - 10월 상순	섬유질이 많아 형상이 거칠고 맛이 떨어짐

수확시기에 따른 차의 분류와 특성

수확방법	작업 인원	노동 강도	작업 난이도	8시간 작업면적	8시간 생엽 수확량
손따기(1심1엽)	1명	약	고	0.1a	1~1.5kg
2인용채엽기(1심4엽)	4명	강	중	67a	3,000kg
승용형채엽기 (1심4엽)	1명	약	중	100a	4,500kg

수확방법에 따른 작업량

손따기　　　　　　　가반형(인력형) 수확　　　　　　기계 수확(승용형)

제주의 차밭

제주지역은 연평균 기온 16.2℃, 강수량 1,000mm 이상으로 차
를 재배하기에 적합한 천혜의 자연조건이다. 연평균 기온이 따뜻
하고 강수량이 많으며 유효 적산온도도 높아 차 생산지로서 최적
의 기후 환경 조건을 갖고 있어, 육지에 비하여 생산량이 3배 많고,
10~20일 정도 조기 수확이 가능하다.

　추사 김정희가 제주로 유배를 와 그의 벗이었던 초의선사로부터
차를 공급받고 차를 마셨다는 기록, 그리고 〈세한도〉를 그리고 추
사체를 완성했다는 기록은 있지만 차나무를 직접 재배했다는 기록
은 없다.

　차나무는 오래전부터 산야에 자라고 있다고는 하나, 차밭의 형
태는 일제강점기에 일본인들이 남원읍 한남동 쪽에 상업적으로 조
성한 것이 최초라고 한다. 1970년대 후반 차인들과 스님들에 의해
선덕사와 선돌 등 한라산 중턱에 차밭을 일구었지만 상업 재배로
서의 개념에는 미치지 못했다.

제주도내 차밭(출처: (사)제주녹차발전연구회)

제주에서 차 재배는 농경지로 적합하지 않던 중산간지를 개발하면서 새로운 소득작물로 이용하기 위한 연구에서 시작되었다. 그리고 1979년도부터 태평양그룹(현 아모레퍼시픽)에서 서귀포시 도순동에 31ha 규모의 토지를 개간하고 51만 본의 차를 심은 것이 제주도에서 재배로서의 차밭의 시초이다. 이어서 1995년도까지 서광차밭, 한남차밭 등 약 100만 평에 이르는 차밭을 만들었다. 현재, 오설록농장으로 명맥을 이어오고 있으며, 전국 차 생산량의 25%를 점유하고 있는 제주의 대표 차밭으로 자리매김하고 있다.

농가가 차밭을 만든 건 1996년 제주다원이 1호이다. 이후로 감귤을 대체하기 위해 차 재배면적이 급격히 늘어났다. 그리고 한때는 녹차 농가가 80호까지 늘었지만 2007년 녹차 파동을 기점으로 재배가 감소하기 시작하여 2021년 기준 48호로 반토막이 났다.

제주 차의 특징은 품종화된 다원에서 생산된다는 것이다. 이는 국내 주요 차 산지인 전남 보성, 경남 하동 지역이 재래종, 야생종 위주로 재배된다는 것과 큰 차이를 보인다. 품종화된 차밭의 장점은 유전적으로 균일하여 새순이 일정하게 올라오고, 재배관리와

올티스(제주)(출처: 올티스)
성읍다원(제주)

수확을 기계화할 수 있다는 점이다. 국내에서 차 품종을 육성하기 시작한 지 오래되지 않았기에, 본격적으로 차밭을 만들 때 국외의 품종을 도입할 수밖에 없었다. 도입된 품종은 제주와 기후, 토양 등이 유사한 일본 품종들이 주를 이루었다.

현재 제주 차 농가들이 우선시하는 것은 안정성이 담보된 차 생산이다. 제주의 차밭들은 전부 화학적 농약을 사용하지 않는 친환경재배를 실시하고 있다.

제주의 차밭들은 저마다 주변의 오름, 식생들과 조화를 이루고 있다. 차밭 대부분은 관광객들에게 개방되어 있다. 몇몇 다원들은 티클래스를 진행하기도 하고 카페를 운영하기도 하여, 걷는 즐거움과 더불어 다원에서 직접 생산한 차를 마셔볼 수 있는 즐거움을 느낄 수 있다. 지금은 SNS를 통해 알음알음 알려졌지만 앞으로 제주의 올레길처럼 차밭 투어(Tea Tourism) 프로그램이 마련되길 희망한다.

《미스 포터》의 처음과 마지막 장면에는 레이크 디스트릭트 윈드미어 호수를 배경으로 그림을 그리는 포터가 있고, "이야기의 첫 줄을 쓸 땐 늘 가슴이 설렌다. 목적지를 안 정한 여행처럼, 이번엔 여기까지 온 거다"라는 대사가 내레이션이 된다. 차나무를 처음 심을 때의 농부의 마음과 같지 않나 생각해본다. 베아트릭스 포터가 후세를 위해 남겼던 자연풍경처럼, 제주의 푸른 차밭들도 후대에 남겨지길 바란다.

참고문헌

농촌진흥청, 『차』, 농촌진흥청, 2018.

농촌진흥청, 『차나무 유전자원 특성조사 매뉴얼』, 농촌진흥청, 2019.

김영희, 「제주의 차와 사람들」, 『차인 119호』, 2010.

박용구, 『차의 식물지』, 경북대학교출판부, 2010.

서은미 외, 『영화, 차를 말하다』, 자유문고, 2022.

김남희, 「영국 레이크 디스트릭트(下)-미스 포터의 고향을 찾아서」, 경향신문, 2008. 1. 10.

이소진, 「우리나라 차나무 품종의 미래」, 원예산업신문, 2022. 7. 20.

농림축산식품부, 「특용작물생산실적」, 공공누리, 2021.

이성과 감성을 이어주는 한잔, 홍차

영화《센스 앤 센서빌러티》

· 김현수 ·

이화여자대학교 법과대학에서 법학을 전공하였으며 성균관대학교 유학대학원 예절다도 석사를 거쳐 동 대학원 유학동양한국철학과에서 유학을 전공하고 있다. 한국 티소믈리에 연구원에서 자격증 과정을 강의했다. 「19세기 영국 차문화의 雅.俗겸비경향」에 관한 연구를 기반으로 홍차와 홍차 문화에 대하여 지역문화원과 기업 및 학교에서 강의하고 있으며, GTA 한국 골든티어워드 심사위원으로도 활동하고 있다. 현재 성균예절차문화연구소 연구원이다.

센스 앤 센서빌러티

감독 이안, 주연 엠마 톰슨, 케이트 윈슬렛

미국, 영국, 1995

차와 영화, 그리고 삶

나의 혈관에 차가 진하게 흐르고 있다고 착각을 하게 될 즈음 세상
이 차와 연관되어 보이기 시작했다. 카페에서도 차를 마시는 모습
에 눈길을 주게 되었고, 전시회를 가고 책을 읽을 때도 차와 연관
지어 이해하는 것이 자연스러워졌다.

　영화《센스 앤 센서빌러티(Sense and Sensibility)》도 그러하다. 차
를 주제로 한 영화도 아니고 차를 마시는 장면이 많이 나오는 것도
아닌데 영화 속 차 한 잔이 가볍지 않게 다가왔다. 영화는 제인 오
스틴의 1811년 동명 소설이 원작이다. 19세기 초 영국을 배경으로
엘리너 대시우드와 마리앤 대시우드 자매의 사랑과 결혼 이야기가
중심축을 이룬다.

　탄탄한 원작 위에 영문학을 전공한 엠마 톰슨의 깊은 이해가 더
해져 매력적인 시나리오가 탄생했다. 여기에 리안 감독의 연출과
배우들의 연기가 어우러져 영화의 완성도를 높였다. 1995년 개봉
한 영화《센스 앤 센서빌러티》는 제68회 아카데미에서 7개 부문에
노미네이트되어 각색상을 수상했고, 제46회 베를린 영화제에서는
황금곰상을 수상했다. 그리고 46회 영국 아카데미에서는 여우주연
상, 여우조연상과 작품상을 수상하며 완성도를 인정받았다.

영화 '센스 앤 센서빌러티'

19세기 영국 서섹스의 놀랜드에 살고 있는 엘리너와 마리앤, 그리고 막내 마가렛과 어머니는 아버지가 돌아가시고 난 후 새로운 집으로 이사를 가야 했다. 당시 장자상속제를 따르고 있었기 때문에 딸들은 재산에 대한 권리가 없었다. 아버지는 이복 오빠인 존에게 딸들을 돌봐달라고 유언을 했지만 존이 아무런 배려 없이 장자상속제를 따르기로 결정했기 때문이다. 자매가 이사를 가기도 전에 존과 그의 아내 페니가 저택으로 와서 지내기 시작한다. 페니의 남동생 에드워드가 잠시 놀랜드에 머무르게 되는데, 누나 페니와 다르게 배려 깊은 심성을 지닌 그는 세 자매와 친하게 지낸다. 엘리너와 에드워드는 서로 호감을 가지게 되고, 이를 탐탁지 않게 여긴 페니 때문에 에드워드는 런던으로 급히 돌아가게 된다.

이제 어머니와 세 자매는 데번셔로 이사를 한다. 그곳에서 만난 점잖은 브랜든 대령은 마리앤에게 한눈에 반해 천천히 그녀에게 다가간다. 하지만 마리앤은 빗속에서 만난 청년 윌러비와 불같은

영화《센스 앤 센서빌러티》中 엘리너

사랑에 빠진다. 그러던 어느 날 윌러비가 도망치듯 사라진다. 알고 보니 그는 바람둥이에 속물이었고, 돈 많은 여인과 결혼할 예정이라는 소식을 듣게 된다. 마리앤은 생사를 오가는 열병을 앓게 되고, 브랜든 대령은 말없이 극진히 간

영화《센스 앤 센서빌리티》中
마리앤

호한다. 비로소 마리앤도 그의 마음을 받아들인다.

한편 에드워드는 루시 스틸과 비밀 약혼을 한 상태였다는 것이 밝혀지고, 엘리너는 깊은 상처를 받는다. 그러나 약혼을 반대하는 가족들이 에드워드의 상속을 철회하여 그는 무일푼이 된다. 약혼녀는 그에게 파혼을 통보하고 덕분에 자유롭게 된 에드워드는 엘리너에게 용서를 구하고 청혼을 한다. 이렇게 엘리너와 마리앤 두 자매는 사랑하는 이와 결혼한다.

홍차와 영화 속 한 장면

1) 티타임: 페니와 함께하는 불편한 식사

엘리너와 마리앤은 당장 살 집을 구해야 하는 참담한 상황에 처했다. 게다가 가족을 이런 상황으로 내몬 존과 페니와 매일 함께 식사를 해야 하니 이보다 불편한 상황도 없어 보였다.

영국인은 하루를 차와 함께 침대에서 시작하고 차와 함께 침대에서 마무리한다고 할 만큼 차를 즐긴다. 티타임 용어도 시간대별로 다양하다. 잠을 깨우기 위하여 진하게 마시는 얼리 모닝 티, 베이컨·계란·빵이 있는 아침 식사 브랙퍼스트 티, 점심 전 간단한 티 브레이크인 일레븐스 티, 점심식사와 함께 가볍게 마시는 미드 티, 늦은 오후의 애프터눈 티, 고기가 포함된 하이 티(혹은 미트 티), 잠들기 전 우유와 마시는 나이트 티 등이 그러하다. 많은 티타임이 식사의 의미를 포함하거나 식사와 함께 이루어진다.

가족을 함께 밥을 먹는 식구라 표현하는 것처럼 한 끼의 식사는 종종 에너지 공급 이상을 의미한다. 영국에서는 차가 그러하다. 그러므로 그들의 정식 티타임에 초대를 받는 것은 관계 발전을 의미한다.

2) 손님맞이 홍차: 에드워드를 맞이하는 응접실

페니의 남동생 에드워드가 여행을 마치고 런던으로 돌아가는 길에 놀랜드의 저택에 들렀다. 모두 응접실에서 그를 기다렸다. 엘리너는 이사 갈 집을 알아보기 위해 책상 앞에 앉아 부지런히 펜을 움직이고 있다. 모두가 마주 앉아 있는데 서로 바라보지는 않는다.

대시우드 부인과 마리앤 사이의 테이블에는 차가 준비되어 있다. 응접실의 메인 테이블에도 차가 준비되어 있었다. 응접실은 주거를 위한 사적인 공간이면서 외부인과 교류하며 친교를 도모하고 공적인 업무도 보는 공간이다. 응접실의 중심에 준비된 티 테이블은 이러한 접객의 중심에 차가 있음을 보여준다.

영국은 유럽의 다른 국가들보다 늦게 차를 수입했지만 영국 왕실 여인들 중에 차 애호가가 많았던 덕에 왕실의 차문화를 꾸준히 이어갔다. 찰스 2세와의 혼인에 혼수로 차를 가지고 온 포르투갈의 캐서린 브라간자 공주를 시작으로 네덜란드의 음다 문화를 왕실에 소개한 메리 모데나, 미식가이자 차 애호가인 메리 2세와 앤 여왕, 그리고 가정의 가치를 중시한 빅토리아 여왕 모두 차 애호가였다. 동양의 진귀한 문물과 함께 전래된 차는 왕실의 특권 의식을 공고히 하고 위상을 높여 주었다. 화려한 궁정이지만 혼란스러운 정치의 한복판이기도 했던 왕실에서 차 한 잔이 주는 위로와 여유도 적지 않았을 것이다. 이

영화《센스 앤 센서빌러티》中 엘리너와 에드워드

러한 영국 왕실의 차문화는 왕실 모방을 통해 계층 의식을 공고히 하려는 상류층 전반에 확대되며 격식 있는 접객 문화의 중심에 자리한다.

누나 페니와 달리 에드워드는 순수하고 사려 깊었다. 페니는 에드워드에게는 상속 받은 저택을 자랑하고 싶고 대시우드 모녀에게는 동생을 자랑하고 싶어 부른 것 같았다. 그런데 그녀가 예상치 못한 상황이 벌어졌다. 에드워드와 엘리너 사이에 특별한 감정이 싹튼 것이다.

엘리너는 아버지를 떠나보낸 지 얼마 되지 않은 시기였고 당장 가족의 생계 고민이 우선이었을 것이다. 상황이 이러하니 신중한 엘리너가 에드워드에게 적극적으로 표현하지 못한 것은 이해할 수 있다. 그러나 에드워드의 행동은 우유부단을 넘어 답답하기만 하

다. 어딘가 석연치 않은 태도까지 보이니 더욱 그러하다. 그의 태도를 분석하기도 전에 화들짝 놀란 페니가 에드워드를 런던으로 보내버렸다.

3) 환상의 마리아주, 클로티드 크림: 서섹스의 저택에서 데번셔의 코티지로

다행히 먼 친척인 미들턴 경의 도움으로 그들은 서섹스의 놀랜드 저택에서 데번셔 코티지로 이사를 한다. 데번 지방은 스콘에 발라먹는 클로티드 크림으로 유명하다. 클로티드 크림은 유지방 55% 이상의 저온살균 우유를 가열하여 만든 뻑뻑한 크림이다. 퍽퍽한 스콘에 고지방의 클로티드 크림과 새콤달콤한 베리 잼을 더하면 거부할 수 없는 조합이 된다. 여기에 풍미 가득한 홍차 한잔을 더하면, 멈출 수 없는 것은 새우 과자만이 아님을 알게 된다. 홍차와 스콘이 최고의 마리아주인 이유가 여기에 있다.

데번과 콘월 두 지방은 클로티드 크림의 산지로 유명한데, 크림을 얹는 순서부터 다르다. 데번에서는 가로로 자른 스콘에 클로티드 크림을 먼저 얹고, 콘월에서는 잼을 먼저 얹는다. 데번 방식으로 하면 크림을 마음껏 바를 수 있어 유크림의 풍미를 가득 느낄 수 있고, 콘월 방식으로 하면 크림이 맨 위에 올라가게 되어 잼과 섞이기 전 크림의 맛을 느낄 수 있다. 전통적으로 콘월 크림은 부드러워 잼 위에 펼치기 쉽고, 뻑뻑한 데번 크림은 스콘 위에 발라야 듬뿍 바를 수 있다. 콘월에서는 전통적으로 퍽퍽한 스콘보다 부드러운 롤빵인 코니시 스플릿에 크림을 발라 먹는다는 점을 생각하면, 크림을 바르는 순서의 차이는 원조 논쟁이 아니라 더 맛있게 먹기 위한 합리적 차이라 할 수 있다. 어떤 선택이든 클로티드 크림과 홍차를 즐기기에 부족함이 없으니 자유를 누려도 좋을 것이다.

물론 그녀들의 새 보금자리인 데번셔가 홍차와 연관되어 낙점되었을 가능성은 희박하다. 그보다는 데번 지방의 기후에 주목한다. 클로티드 크림의 원료인 우유가 풍부하다는 것은 낙농이 발달한 지역이라는 것을 말한다. 비옥하여 농업 발달이 가능한 지역이 아니라 척박하여 낙농을 할 수밖에 없는 지역이라는 것이다. 그러므로 서섹스에서 데번셔로의 이동은 비옥한 곳에서 척박한 곳으로의 이동과 다르지 않다. 척박한 남서부 끝자락 어딘가 작은 오두막이 그녀들의 새 보금자리였다. 화면에 펼쳐지는 데번셔의 풍광은 평화롭고 아름답지만, 외국인의 시선으로 보는 초가집과 한가로운 자연이 이와 비슷할 것이라 생각하니 그녀들의 심경을 알 것도 같다. 그래도 홍차와 연관된 클로티드 크림의 산지라는 점이 다행스럽다.

4) 일상에 스며든 홍차: 빈 찻잔과 모녀

이제 그들은 새로운 환경에 적응해 갔다. 자매에게 데번셔의 집을 빌려준 미들턴 경과 제닝스 부인은 이들을 진심으로 아꼈다. 에드워드는 놀랜드에서 런던으로 떠나기 전에 엘리너에게 만나러 오겠다고 약속했지만 미안하다는 편지만 도착했을 뿐이다.

마리앤에게는 핑크빛 기류가 찾아왔다. 사려 깊고 부유한 브랜든 대령이 그녀에게 첫눈에 반해 버린다. 마리앤은 그에게 매력을

영화《센스 앤 센서빌러티》
中 마리앤과 윌러비

느끼지 못했지만 거절을 하지는 않았다. 그러던 어느 날 그녀에게 불같은 사랑이 찾아왔다. 산책길 소나기 속에서 젊은 청년 윌러비를 만난 것이다. 갑작스런 소나기를 맞은 것처럼 마리앤은 흠뻑 사랑에 빠져 버린다.

철없는 두 남녀는 주변의 시선은 아랑곳하지 않고 떠들썩하게 연애를 한다. 엘리너는 동생을 걱정하지만 마리앤은 언니의 신중함이 에드워드를 떠나보냈다며 도리어 상처를 준다. 마리앤처럼 균형을 놓아버리는 삶이 차라리 편안해 보인다. 자신과 가족의 균형을 잡기 위해 버티고 애쓰는 엘리너만 오늘도 고군분투한다. 마리앤의 열정도 엘리너의 일상도 계속된다. 마리앤은 마냥 행복해 보이지만 엘리너와 어머니가 차 한잔과 마주한 현실은 녹록치 않아 보인다.

차는 처음에는 최상위 계층만 누릴 수 있는 사치품이었다. 대부분의 국가에서 왕실과 귀족의 향유에 그쳤는데, 영국에서는 노동자에 이르는 전 계층에 확산되었다. 일방적인 문화의 흐름으로 확산된 것은 아니었다. 언급한 바와 같이 왕실 모방으로 지위를 표출

하는 상류층을 통한 확산은 물론 안정적인 공급과 산업혁명을 통한 비약적인 경제 성장, 국가 차원의 금주 운동, 기독교 복음주의에 기반한 중간 계층의 자선 활동 등 다양한 사회경제적 지원에 힘입어 전 계층으로 확대될 수 있었다.

물론 고가의 사치품이었던 차가 헐값이 되거나 상류층의 차문화를 전 계층이 똑같이 누리게 된 것은 아니다. 계층에 따라 음용하는 차와 다구의 품질에는 차등이 존재했다. 그러나 중국에 의존하던 수입구조에서 벗어나 식민지인 인도와 스리랑카를 통해 안정적으로 차를 공급받고 차 산업자들의 로비를 통한 과세 완화 등으로 노동자의 음다가 진행될 수 있었다. 그리하여 차는 사치품을 넘어 일상을 함께하는 개문칠건사開門七件事로 자리하게 되었다.

그런 지금, 생필품 구입조차 걱정해야 하니 엘리너와 어머니 얼굴에 그늘이 가득하다. 나란히 앉아 있는 모녀는 차마 서로를 바라보지 못하고 있다. 꽃 한 송이나 소박한 티푸드 하나 없는 테이블에 덩그러니 찻잔만 놓여 있었다. 그마저도 비어 보였다. 일상에 들어온 차 한잔의 여유도 그들에게 허락되지 않은 듯했다.

5) 위로의 밀크 티: 마리앤에게 전하지 못한 한잔

온 마을이 떠들썩하게 연애를 했던 윌러비와 마리앤. 어느 날 그녀를 찾아온 윌러비는 아무런 설명도 없이 미안하다는 말만 남기고 도망치듯 떠나버린다. 영문도 모른 채 실연당한 마리앤은 오열하며 방으로 들어가버리고 외출에서 돌아와 상황을 들은 엘리너가 그녀의 방문을 두드렸다. 차 한 잔을 건네주려 했지만 굳게 잠긴 방문은 열리지 않았다.

엘리너는 복도 한쪽 끝 계단에 걸터앉았다. 연결과 소통을 담당하는 계단은 잠시 머무르는 공간이 되고 마리앤에게 전하려던 홍차는 엘리너를 위한 한 잔이 되었다.

엘리너가 마리앤에게 전해주지 못한 한 잔은 밀크 티였다. 차에 우유와 설탕이나 꿀, 메이플 시럽과 같은 당분을 더하여 마시는 것은 여러 문화권에서 오래전부터 이어 내려온 방식이다. 유목 민족은 보관에 용이하도록 단단하게 긴압해 둔 차를 잘게 부수어 산양유에 넣고 버터 등의 지방과 함께 끓여 마셔 부족하기 쉬운 미네랄과 열량을 보충했다. 풍미와 효능을 더하기 위해 다양한 향신료를 첨가해 마시기도 했다.

당시 우유와 홍차를 넣는 순서에 따라 우유를 먼저 넣는 Milk-In-First(MIF)와 나중에 넣는 Milk-In-After(MIA)로 의견이 나뉘었다. 주로 상류층은 차를 먼저 넣은 후 우유를 넣었고, 노동자 계층은 우유를 먼저 넣고 차를 넣었다.

상류층에서는 고품질의 잎차를 마셨고, 노동자 계층은 쓴맛이 강한 저가의 부서진 차를 마셨다. 그러므로 상류 계층에서는 차를 먼저 넣은 후 찻물 색깔을 보며 우유를 넣었을 것이고, 노동자 계층에서는 가지고 있는 우유를 넣은 후 쓴맛이 강한 차의 양을 조절했을 것이다. 노동자들이 사용한 도기가 뜨거운 찻물에 깨지거나 찻물이 배어드는 것을 방지하기 위하여 우유를 먼저 넣었다고도 한다. 1848년부터 시작된 이 논쟁은 조지 오웰의 수필 『나이스 컵 오브 티』(1946)로 가속화되었다. 트와이닝은 MIF를, 잭슨 오브

피카딜리(현재 트와이닝에 인수됨)는 MIA를 지지했다. 실용성과 과학적 근거를 들어 논쟁이 계속되었다. 이후 2003년 영국왕실협회가 "65℃ 이상의 온도에서 유단백이 변성되는 것을 막기 위해 우유를 먼저 넣는 것이 좋다"라고 발표하며 일단락을 맺었다. 그러나 고품질의 다양한 차와 깨질 염려가 없는 아름다운 다구가 준비된 지금, 개인의 취향 문제로 보아도 좋을 것이다.

진한 풍미의 홍차에 부드러운 우유와 설탕으로 영양과 열량 그리고 맛을 더한 밀크 티는 에너지를 보충하고 각성을 도와주어 나른한 오후에 안성맞춤이다. 달콤한 밀크 티는 우울한 기분을 달래주어 위로의 음료로도 불린다. 엘리너가 마리앤에게 전하고 싶었던 한 잔이다.

6) 음료 이상의 음료: 이성과 감성 사이

제닝스 부인 덕에 자매는 런던으로 여행을 떠나게 되었다. 그곳에서 마리앤은 윌러비를 만났다. 잠시 희망을 품고 그의 해명을 기다린 그녀에게 돌아온 것은 참담한 배신뿐이었다. 그리고 엘리너에게도 시련이 찾아왔다. 에드워드가 오래전 가족 몰래 약혼을 한 상태였다는 것이 드러났다. 상처 받은 자매는 집으로 돌아오기로 했다. 마리앤은 윌러비의 파렴치함과 자신의 경솔함에 괴로워하며 홀로 산책을 나갔다가 지독한 열병에 걸리게 되었다.

엘리너는 위태로운 눈빛으로 창밖을 바라보며 마리앤을 기다렸다. 말없이 차를 마시는 엘리너, 차를 마시는 것인지 찻잔에 의탁한 것인지 구분하기 어렵다. 그녀의 위태로운 마음과 간절한 노력이

영화《센스 앤 센서빌러티》中 마리앤
과 브랜드경

보인다. 한 잔이 적셔주는 마음은 생각보다 크다.

건강을 회복한 마리앤은 곁에서 지켜준 브랜든 대령에게 마음을 열었다. 에드워드는 비밀 약혼으로 재산을 한 푼도 받지 못하게 되고 약혼녀는 무일푼이 된 그에게 파혼을 선언했다. 살아가며 섣불리 좋고 나쁨을 말하기 쉽지 않다 하더니 에드워드가 그러하다. 그는 엘리너에게 달려와 그간의 일에 용서를 구하고 청혼을 했다. 청혼을 수락하는 엘리너의 모습에 마리앤이 겹쳐 보인다. 열정의 마리앤은 평정을 찾고 신중한 엘리너는 마음을 드러낸다. 엘리너와 에드워드, 마리앤과 브랜든 대령이 결혼하며 영화는 해피엔딩으로 마무리된다.

영국 차문화, 애프터눈 티와 하이 티

영국의 차문화는 동양에 뿌리를 두고 있으나 전 계층이 향유하는 그들 고유의 문화로 발전하여 명실상부 유럽 홍차 문화의 중심에 자리하게 되었다.

유럽에서 차를 가장 먼저 접한 나라는 포르투갈이었는데 그들은 차를 동양 문물의 하나로 인식했을 뿐이다. 이후 네덜란드가 차의

영화《센스 앤 센서빌러티》
中 엘리너와 에드워드

경제적 가치를 알아보고 적극적으로 수입했고 특히 이들은 일본의 차 회 문화를 함께 소개했다. 영국은 유럽의 다른 국가들보다 동양 무역에 뒤늦게 진입하여 1세기 가량 늦은 17세기에 이르러 차를 수입했다. 시작은 늦었지만 왕실 여인들의 사랑 덕에 영국의 차문화는 꾸준히 이어질 수 있었다. 왕실의 화려한 차문화는 모방을 통해 계층 의식을 공고히 하려는 상류층 전반으로 확대되었다. 이후 산업혁명으로 이룬 경제적 부가 확대되며 중간 계층까지 차문화가 확산된다.

노동자 계층에 차문화가 전파된 과정은 다소 차이가 있었다. 중간 계층 여성의 봉사와 국가 차원에서 진행된 금주 운동 등 경제사회적 지원에 힘입어 확산될 수 있었다. 신분과 지위를 나타내는 음료였던 차를 노동자 계층이 마시는 것에 대한 반발도 있었다. 그러나 당시 만연했던 음주로 인한 사회문제가 노동자의 음다로 개선되면서 금주 운동과 함께 국가 차원에서 지원되었다. 이렇게 전 계층에 확산된 차문화는 자생적으로 발전해갔다.

1) 상류 계층의 차문화 - 애프터눈 티

상류 계층에게 차문화는 신분과 재력을 과시하는 음료이자 사교의 중심이었다. 그 중심에 애프터눈 티가 있다. 영국의 애프터눈 티를 말할 때 안나 마리아 러셀 베드포드 공작부인(1783~1857)을 빼놓을 수 없다. 그녀는 25살에 7대 베드포드 공작 프란시스 러셀과 결혼하여 56세에 공작부인이 되었다. 빅토리아 여왕과 평생의 친구였으며, 여왕의 개인 비서 역할을 담당했던 레이디 오브 베드 챔버*이기도 했다(1837~1841).

당시 귀족의 식사는 아침과 푸짐한 늦은 아침 그리고 가벼운 점심과 늦은 시각의 성대한 만찬으로 이루어졌다. 점심과 저녁 사이 공복 시간이 길어진 까닭에 오후에는 몸이 축 처지고 가라앉기 일쑤였다.** 그리하여 만찬 전 간단한 간식과 차를 준비하여 허기를 달래기 시작한 것이 애프터눈 티의 시작이라고 전해진다. 1804년 경부터 하인에게 차와 버터 바른 빵을 가지고 오게 하여 요기했다는 기록이 있다. 이때 편안한 소파가 있는 낮은 테이블(low table)에 준비된다 하여 로우 티Low tea로 부르기도 했다.

늦은 오후의 티타임은 이전부터 있었다. 1935년 윌리엄 유커의

---

*   Lady of bedchamber: 영국 여왕을 수행 및 보좌하는 최측근의 귀족 여인을 칭하는 공식 직함. 프랑스, 네덜란드 등 유럽대륙에서는 '궁정의 여인(Lady of Palace)'이라는 직함으로 불렀다. (출처: Allison, Ronald; Riddell, Sarah, eds, 『The Royal Encyclopedia』, Macmillan Press, 1991, p. 307)

**   Jane Pettigrew & Bruce Richardson, 『A social history of Tea』 Benjamin press, 2014, p.131.

『차에 대한 모든 것』에서는 17세기에 프랑스 사교계에서 유명했던 세비네 부인이 오후 5시의 차를 즐겼다고 기록하고 있다.* 1763년 부인들이 애프터눈 티와 커피 타임을 번갈아 가졌다는 기록도 있다. 로스 W. 제이미슨은 "1740년대까지 애프터눈 티는 영국, 네덜란드 등지에서 매우 중요한 식사였다."**고 기술하고 있다.

오늘날 우리가 말하는 애프터눈 티는 베드포드 공작부인이 갑자기 만들어낸 것이 아니라 유럽 대륙의 여러 국가들과 영국에서 간단한 식사로 존재하던 늦은 오후의 티타임을 그녀만의 스타일로 전개하여 명성을 얻으며 이루어진 것으로 보는 것이 합리적일 것이다. 베드포드 가문은 대대로 왕실과 친분이 깊어 왕실 문화를 가깝게 접할 수 있었다. 여기에 여왕의 오랜 친구로서 그리고 레이디 오브 베드 챔버 시절 경험한 왕실의 차문화가 그녀의 애프터눈 티에 담겨 있을 것이다.

베드포드 공작부인은 애프터눈 티를 매우 좋아하여 자주 즐겼고, 베드포드 가문의 저택인 워번 애비는 언제나 손님들로 가득했다고 한다. 빅토리아 여왕 부부가 워번 애비를 방문하여 애프터눈 티를 대접받았으며, 왕실에서도 이러한 애프터눈 티를 즐기게 되면서 베드포드 공작부인의 애프터눈 티는 더욱 유명해졌다.

화려하고 사치스러워 보이지만 애프터눈 티는 정찬보다 적은 비

---

*   William H. Ukers, 『All About Tea』(1935), Lulu.com, 2017.

**   Ross W. Jamieson, 「The Essence of Commodification: Caffeine Dependencies in the Early Modern World」, Journal of Social History Vol.35, No.2(Winter), 2001, p.284.

용으로 사교를 행할 수 있다는 측면에서 합리적이다. 무엇보다 여기에는 일정한 순서와 격식이 있어 초대한 주인과 손님은 역할에 합당한 티 에티켓을 갖추어야 했다. 주인의 초대장 준비와 발송부터 손님의 환대와 주빈에 대한 예절, 손님들이 주인과 다른 손님들에게 지켜야 할 배려와 예절 및 다구의 모양과 위치 등 정식 애프터눈 티타임에서는 존중과 환대를 담은 규칙과 예절을 지켜야 했다. 이러한 티 리추얼은 교육을 통해 습득되는 것으로, 특별한 공간에서 특별한 시간의 경험은 상류층의 자부심을 높여 주기에 충분했을 것이다.

이처럼 손님을 맞이하는 마음의 준비에서 티타임의 구현과 마무리까지 엄격한 티 에티켓과 티 리추얼을 통해 완성되는 애프터눈 티는 귀족 차문화의 정수라 할 수 있다.

2) 노동자 계층의 차문화 - 하이 티

산업혁명으로 영국은 그동안 경험하지 못했던 경제적 부를 누리게 되었다. 그러나 이러한 경제적 혜택을 모두가 누리지는 못했다. 오히려 평범한 농민들은 노동자 계층이 되어 도시의 빈민으로 내몰렸다. 기본적인 의식주조차 보장받기 힘들었던 그들에게 허락된 것은 술이었다. 영국에서는 식용에 적합하지 않은 수질의 문제로 오래전부터 탄산이나 에일을 넣어 마셨는데, 이것이 싸구려 진 등의 음주로 이어지게 된 것이다. 당시 성인 노동자뿐 아니라 노동자 계층의 어린아이들까지 음주에 노출되는 등 사회적 폐해가 심각했다. 경제적 측면에서 노동자의 음주는 생산성 하락으로 이어져 기업가에게도 노동자의 음주 문제는 해결해야 할 숙제였다.

일과 중 티 브레이크로 생산성이 향상되는 등 음주로 인한 폐해가 개선되자 노동자의 음다는 금주 운동과 함께 국가적 차원에서 지원되었다. 기독교 복음주의에 기반한 중간 계층의 자선 활동을 통하여 노동자의 음다는 더욱 확산되었다. 언급한 바와 같이 차의 안정적인 공급과 시장 확대의 필요성도 긍정적으로 작용했다. 식민지인 인도와 스리랑카를 통한 안정적인 공급은 가격의 하락으로 이어졌다. 상류층은 고품질의 잎차를 주로 마셨고 노동자 계층은 저급의 쓴맛 가득한 차를 마실 수 있었을 뿐이었지만 이전보다 더 많은 사회 계층이 차를 마실 수 있는 여건이 형성되었다. 차산업자들의 로비로 과세가 인하되면서 가격은 더욱 안정되었다. 여러 사회경제적 상황과 지원에 기반하여 노동자 계층의 차문화가 형성될 수 있었던 것이다.

상류층에게 나른한 오후에 즐기는 애프터눈 티가 있었다면 노동자 계층에게는 일과를 마친 후 허기를 채워주는 하이 티가 있었다. 등받이가 있는 높은 의자인 하이 백 체어와 높은 테이블에서 이루어졌기 때문에 하이 티라고 불렸다. 하이 티의 시작은 일과 후의 식사의 의미가 컸다. 온전한 식사를 준비하기 위한 시간도 경제력도 없던 그들에게 따뜻한 차 한 잔은 식탁에 온기를 더해 주는 음료 이상의 음료였다. 노동자에게 하이 티는 존엄을 느끼게 해주는 식사 시간이었다.

하이 티는 차츰 차와 고기가 있는 푸짐한 식사의 의미로 확대되어 중산층 가정에서는 주일 저녁식사로 행해졌다. '비턴 부인의 살림 비결'에도 '하이 티에서 육류가 중요한 역할을 하고, 이 티타임은 식사로 보아야 한다'*고 되어 있다. 1888년 글래스고 국제박람회에서는 박람회장 내의 레스토랑에서 하이 티가 메뉴로 등장했다. 빈한하지만 존엄이 담긴 노동자의 식사였던 하이 티는 실용적이고 푸짐한 대중의 식사 티타임으로 확대되었다.

맺으며

찻잎 한 장 나지 않는 영국이 홍차 문화의 중심이 되기까지는 다양한 계기와 여러 분야의 공헌이 있었다. 차 산업의 호황은 차가 왕실뿐 아니라 전 계층이 향유하는 아속공상雅俗共賞의 문화가 될 수 있는 경제적 기초가 되었다. 무엇보다 화려한 생활의 왕실 여인에서부터 끼니를 걱정해야 하는 하층 노동자들까지, 차 한 잔이 많은 이들에게 심리적 위안과 영혼의 양식이 되어 준 점은 차문화가 영국 사회에 깊이 자리 잡게 되는 주요한 계기가 되었을 것이다.

깊은 소용돌이를 품고 있지만 고요한 호수 같은 영화 "Sense AND Sensibility"와 홍차는 닮아 보인다. 많은 이야기를 담고 있지만 한없이 잔잔한 한 잔, 한 모금 머금고 엘리너와 마리앤에게 닿은 홍차를 느껴볼 수 있기를 바래본다.

---

* Jane Pettigrew & Bruce Richardson, 『A social history of Tea』 Benjamin press, 2014, p.136.

참고문헌

전정애, 「영국 빅토리아 시대 노동계급의 차문화 연구」, 원광대학교 박사논문, 2014.

Jane Pettigrew & Bruce Richardson, 『A social history of Tea』, Benjamin press, 2014.

Dorothea Johnson & Bruce Richardson, 『Tea & Etiquette』, Benjamin press, 2013.

Emma Marsden, 『Tea at Fortnum & Mason』, Ebury press, 2010.

William H. Ukers, 『All About Tea (1935)』, Lulu.com, 2017.

Allison, Ronald; Riddell, Sarah, eds, 『The Royal Encyclopedia』, Macmillan Press, 1991.

서은미(부산대학교 강사)

김용재(유엔협회세계연맹 파트너십&이노베이션 담당관)

김세리(성균관대학교 유학대학원 초빙교수)

김경미(성균관대학교 유학대학원 강사)

윤혜진(오동나무해프닝 대표)

하도겸(나마스떼코리아 대표)

노근숙(원광디지털대학교 차문화경영학과 일본차문화담당 교수)

이현정(이한영茶문화원 원장)

문기영(문기영홍차아카데미 대표)

이성문(제주특별자치도 농업기술원 농업연구사)

김현수(성균예절차문화연구소 연구원)

영화, 차를 말하다 2

초판 1쇄 인쇄 2023년 4월 28일 | **초판 1쇄 발행** 2023년 5월 4일
지은이 서은미 김용재 김세리 김경미 윤혜진 하도겸
　　　　노근숙 이현정 문기영 이성문 김현수
펴낸이 김시열
펴낸곳 도서출판 자유문고
　　　(02832) 서울시 성북구 동소문로 67-1 성심빌딩 3층
　　　전화 (02) 2637-8988 | 팩스 (02) 2676-9759
ISBN 978-89-7030-167-9　03590　값 22,000원
http://cafe.daum.net/jayumungo